VERSTÄNDLICHE WISSENSCHAFT

ZWEIUNDNEUNZIGSTER BAND

SPRINGER-VERLAG

BERLIN · HEIDELBERG · NEW YORK

INSEKTEN AUF REISEN

E. T. NIELSEN

AUS DEM DÄNISCHEN ÜBERSETZT
VON UDDA LUNDQVIST
ÜBERARBEITET VON WERNER JACOBS

1.—6. TAUSEND

MIT 9 ABBILDUNGEN

SPRINGER-VERLAG

BERLIN · HEIDELBERG · NEW YORK

Herausgeber der Naturwissenschaftlichen Abteilung:
Professor Dr. Karl v. Frisch, München

ERIK TETENS NIELSEN
Dr. phil.

Molslaboratoriet, Femmöller (Dänemark)

ISBN 978-3-642-87105-4   ISBN 978-3-642-87104-7 (eBook)
DOI 10.1007/978-3-642-87104-7

Titel der dänischen Originalausgabe:
Insekter på Rejse

Illustriert von Strit Peronard

First Impression 1964. Rhodos-International
Science Publishers, Kopenhagen
© der deutschen Ausgabe: Springer-Verlag Berlin-Heidelberg
1967
Library of Congress Catalog Card Number 67—26234

Titel-Nr. 7225

Inhaltsverzeichnis

Einleitung

In diesem Buch soll von den Wanderungen der Insekten die Rede sein. Damit sind zwei Hauptfragen gestellt; einerseits: welche Insekten haben überhaupt den Trieb zum Wandern? andererseits: kann das Bedürfnis zum mehr oder weniger ausgedehnten Ortswechsel aus ihrer Lebensweise verstanden werden?

Ohne Zweifel ist der „Wandertrieb" ein etwas verschwommener Begriff; diese Verschwommenheit wird auch dadurch nicht besser, daß man ihn gerne und häufig bei den ganz ähnlichen Verhaltensweisen anderer Tiere (z. B. mancher Fische, Vögel und Säugetiere) anwendet. Um zu einem gewissen Verständnis zu kommen, könnte man vielleicht analoges menschliches Verhalten heranziehen; dies Verfahren ist nicht durchaus verwerflich, da doch Tier und Mensch so viele Grunderscheinungen des Lebendigen gemeinsam sind.

Vielleicht ist es berechtigt, auch beim Menschen von einem tief verwurzelten „Wandertrieb" zu sprechen, von der mit starken Empfindungen gesättigten und durch eine kaum zu stillende Neugier angestachelten Neigung, aufzubrechen zu neuen Ufern. Ohne Zweifel unterliegt dies Aufbrechenwollen oder -müssen starken Schwankungen, ist in seinem Auftreten und Ablauf bedingt durch unterschiedliche, z. T. auch altersbedingte, individuelle Neigungen, durch ständige Wandlungen der physischen und zumal gesellschaftlichen Umwelt. Der Einfluß des heimischen Klimas (Drang nach dem „sonnigen Süden"), vor allem aber der Traditionen (Wallfahrten; Kreuzzüge; mehr oder weniger kriegerische Eroberungszüge; Wanderungen von Berufsgruppen) und neuerdings vor allem auch des Prestigedenkens (moderner Tourismus) kann mit den vielfältigen Wechselwirkungen kaum überschätzt werden. Biologisch gesehen ist wohl kein großer Unterschied zwischen der heutigen Dänischen Invasion auf Mallorca und den Zügen der Wikinger. Und es bedarf kaum des Hinweises, wie sehr der Aufbruch ganzer Völker oder Volksteile das Gesicht der menschlichen Gesellschaft und durch diese auch das Gesicht der Landschaft verändert hat.

Man könnte versucht sein, die Nomaden — die Lappen, Beduinen, die mongolischen Steppenbewohner, wo immer man sie bei der so schnell voranschreitenden Wandlung der menschlichen Gesellschaft noch finden mag — als die typischen Wanderer zu bezeichnen. Aber deren Wanderungen sind doch von besonderer Art, bedingt durch die Notwendigkeit, am andern Platz die „alten" Bedingungen (z. B. Weiden für die Herden) zu finden; sie ziehen gleichsam innerhalb eines großen Areales „Heimat" umher, gezwungen durch den Charakter der Landschaft und der dadurch bedingten Wirtschaftsform. Eine schwache Analogie etwa zum Verhalten der Zugvögel ist denkbar.

Wie verschiedenartig auch das Motiv zum Aufbruch sein mag, ich neige doch dazu, auch beim Menschen von einem Wandertrieb zu sprechen; damit soll nicht so sehr das Wandern selber, die Bewegung von Ort zu Ort, gemeint sein, sondern der Trieb, vom Alltäglichen weg zu Neuem, Unbekanntem vorzustoßen; vielleicht ist „Fernweh" kein schlechter Ausdruck dafür. Es bedarf gewiß noch ausgedehnter, aber nicht von vornherein aussichtsloser Untersuchungen an Tier und Mensch, um, trotz der Vielfalt der Erscheinungen, der Einzelprobleme und Motivierungen im wesentlichen Vergleichbares aufzuspüren. Man wird dann auch andere Tiergruppen heranziehen müssen; bei der einen weiß man in dieser, bei der anderen in jener Hinsicht Genaueres. Wenn wir hier in Andeutungen auf Verhaltensweisen des Menschen hinweisen, so mag der Vergleich mit dem Wanderverhalten der so ganz anders organisierten Insekten vor verfrühten oder gar falschen Analogien warnen.

Der Schmetterling Ascia

Eigenartig unstet, scheinbar mehr von unregelmäßigen Luftströmungen getrieben als von eigener Kraft, fliegen Tagfalter dahin; und doch können sie durchaus genau auf einer angeflogenen
Blüte landen. Gerade diesen Blütenanflug, um Nektar zu saugen,
sieht man meistens an den Faltern in Wiese und Garten. Zuweilen
aber ist der Flug eines Falters von anderer Art: zwar auch noch
von einer gewissen etwas schwerfälligen Unstetigkeit, aber doch
ohne Zweifel so, daß über eine längere Strecke ein bestimmter
Kurs eingehalten wird; besonders deutlich wird dies, wenn man
ihn, gegen bzw. in Kursrichtung schauend, auf sich zukommen
und dann von sich wegfliegen sieht. Er hält sich dabei meist in
der Höhe von 2—3 Metern, steigt etwas in die Höhe, um ein
Hindernis zu überwinden, gewinnt dann aber wieder die alte Flughöhe. Die Buddleia oder andere Blumen, die gerade von mehreren
Faltern umflattert sind, interessieren ihn offenbar durchaus nicht;
stetig setzt er den gerichteten Flug fort, wohl geradeswegs auf die
Wand eines Hauses zu; aber unmittelbar davor steigt er hoch und
verschwindet knapp über den First hinweg.

Noch im Nachdenken über diesen sonderbaren Falter kommen
schon zwei weitere der gleichen Art und in der gleichen Flugweise
daher; auch sie verschwinden über den Dachfirst, fliegen dahinter
— ein rascher Lauf dorthin überzeugt uns — in der alten Richtung
und Flughöhe weiter. Stundenlang folgen immer neue, teils einzeln im Abstand von Minuten, teils mehrere kurz hintereinander.

So kann jeder es mit etwas Glück erleben: den Falter auf Wanderung, zuweilen sogar mitten in der Großstadt Kopenhagen. An
einigen Tagen Ende Juli 1960 sah ich beinahe täglich Kohlweißlinge über Bajers Platz kommen, die Ecke vom Juliane Mariesweg
schneiden und in den Hof des physiologischen Institutes herab-
gleiten; auf den Mittelflügel des Institutes stießen sie in einem

Winkel von 60—70°, arbeiteten sich die fünf Stockwerke hoch und setzten den Flug durch den Faelledpark zum Triangel hin fort. In Dänemark sieht man vor allem Kohlweißlinge wandern, zuweilen in großen Mengen wie in einem gleichmäßigen Strom, häufiger, wie vorhin beschrieben, einzeln, dann freilich weniger auffallend.

Eine Fülle von Fragen drängt sich auf: Woher kommen sie? Wohin fliegen sie? Warum halten sie nicht an, sich an den Blüten zu laben? Wie bringen sie es fertig, den Kurs zu halten? Der Kohlweißling ist nun freilich nicht so gut untersucht, daß er auf alle diese Fragen eine begründete Antwort ermöglicht. Aber vermutlich lebt er ähnlich wie eine verwandte Art in Florida, die ich aus eigener Erfahrung recht gut kenne und über die ich daher lieber erzählen möchte. Sie heißt *Ascia monuste* mit ihrem wissenschaftlichen Namen; die Amerikaner sagen „the Great Southern White"; nennen wir sie weiterhin einfach *Ascia*.

Der Falter ist beinahe so groß wie unser großer Kohlweißling und ebenfalls weiß mit etwas schwarzer Zeichnung. In Florida vermehrt er sich beinahe während des ganzen Jahres; die im Sommer geschlüpften Weibchen aber sind dunkelgrau statt weiß. Darin unterscheiden sie sich von unserem, ihm sonst sehr ähnlichen Kohlweißling.

Ascia gibt es vielerorts in Amerika, von der nördlichen Verbreitungsgrenze in Florida über die Westindischen Inseln und Mittelamerika bis hinunter nach Chile und Argentinien. Es handelt sich um eine weitgehend tropische Art. Die Südspitze von Florida hat bereits tropisches Klima. Wie an anderen tropischen Küsten gibt es dort, wo keine Brandung ist, die an mehr oder weniger salziges Wasser gebundene Mangrovenvegetation. Diese umfasst mehrere Baumarten, z. B. rote, weiße und schwarze Mangrove, und bildet wald- oder gebüschartige Formationen, die die unzähligen Inseln, Holme und Landzungen der Gezeitenzone mehr oder weniger bedecken, getrennt durch Rinnen, Sunde oder größere offene Flächen, die bei Flut von Brackwasser bedeckt, bei Ebbe aber trocken sind.

Ein großer Teil der Südspitze Floridas mit dem Everglades Nationalpark und die Westküste bis Tampa hin, an der Ostküste bis auf die Höhe von Cap Canaveral ist von Mangroven bedeckt.

Der Ostküste sind auf weite Strecken Sandbänke vorgelagert; sie bilden eine lange Kette von Inseln, die vom Festland durch eine schmale Lagune getrennt ist. Zum Atlantischen Ozean hin ist der Strand von Dünen gesäumt; mitten auf den Inseln steht oft ein dichter Wald von Eichen und Palmen. Aber zur Lagune hin, ebenso auf der Festlandseite der Lagune findet sich ein Wirrwarr von Mangrove- und Brackwassersümpfen. In den offenen Sümpfen und teilweise auch in den Mangroven, zumal in den schwarzen, gibt es eine Pflanze mit dem Namen *Batis* (zu Familie Batidaceae). Das ist ein niederer Busch, ungefähr in der Größe von Heidekraut, aber die Zweige sind länger und dünner, eher wie Ranken. Die wurstförmigen Blätter sind kräftig gelbgrün gefärbt, spröde und saftig; sie haben einen salzig-würzigen Geruch und Geschmack. Die Blüten aber sind ganz unansehnlich.

Die Raupen des Kohlweißlings und seiner nächsten Verwandten leben fast ausschließlich auf Kreuzblütlern, ausnahmsweise aber — jedem Gartenbesitzer ist das bekannt — auch auf Kapuzinerkresse.

Als meine Frau und ich vor 15 Jahren nach Florida kamen, um *Ascia* und seine Wanderungen zu untersuchen, wußte man nicht, wo die Raupen leben. So fuhren wir herum und durchsuchten alle erreichbaren Kohlfelder: keine Raupen. Hier und dort gab es kleine *Ascia*-Gruppen an Wegrändern; die Raupen lebten hier auf einem Kreuzblütler, einer dem Hirtentäschel ähnlichen Kresse. Diese Gruppen waren jedoch alle recht klein, bestanden nur aus 10—20 Individuen. Woher die großen Falterschwärme draußen an der Küste kamen, wußten wir nicht. Es gibt nur wenige Kreuzblütler in Florida, und die Botaniker erzählten mir, daß sie in den Mangroven ganz fehlen. Also konnten die Falter von dorther nicht kommen, so meinte ich. Meine Frau jedoch war von dieser Meinung nicht überzeugt; also zwängten wir uns schließlich doch mühselig in ein großes Mangrovengebiet hinein. Dort aber sahen wir gleich unter einem großen schwarzen Mangrovenbaum ein *Ascia*-Weibchen, das Eier auf ein *Batis*-Blatt ablegte. In kurzer Zeit fanden wir Mengen von Eiern, Raupen und schließlich auch eine Puppe auf einem Mangrovenzweig. Das Rätsel war gelöst, und wir zogen uns schnaufend zu unserm Jeep auf die asphaltierte Straße zurück.

6

Aber nun wollen wir von Anfang an beginnen. Das Ei ist kurz nach der Ablage grünlich weiß, wird aber nach und nach gelb; es ähnelt zum Verwechseln dem des Kohlweißlings. Auf *Batis* und der Kresse — beide haben schmale Blätter — werden die Eier einzeln abgelegt, auf andern Pflanzen (z. B. auf den breiten Blättern von *Nasturtium*) in Gruppen bis zu 50 Stück. Der Ablageplatz liegt meist im Schatten, z. B. eines Mangrovenbaums, in den offenen baumlosen Mooren im Schatten der etwas höheren Vegetation, zuweilen so tief, daß sie vom Hochwasser erreicht werden können; aber das scheint keinen Schaden zu machen.

Bei Temperaturen von 28—30° schlüpfen die Raupen nach 3 Tagen, bei niedereren Temperaturen dauert die Embryonalzeit länger, bei 18° mehr als eine Woche. Am Tag vor dem Schlüpfen kann man die Raupe bereits durch die Eischale schimmern sehen, besonders ihre schwarzen Haare und die unentwegt arbeitenden Oberkiefer, die das Loch nagen, aus dem die Raupe schlüpft. Diese ist frisch geschlüpft zunächst gelb, wird aber nach Freßbeginn grün und ist dann der Kohlweißlingsraupe sehr ähnlich.

Viermal wechselt die Raupe ihre Haut; es gibt also 5 Raupenstadien. Vor jeder Häutung wandert sie ein wenig umher, gelangt so auf einen andern Teil der gleichen oder auch auf eine neue *Batis*-Pflanze.

Die Dauer des Raupenlebens hängt außer von der Temperatur offenbar auch von anderen, noch unbekannten Faktoren ab; selbst wenn man die Raupen ständig bei der gleichen Temperatur (z. B. 24°) hält, variiert die Länge des Raupenstadiums zwischen 9 und 13 Tagen. Einen oder auch zwei Tage vor der Verpuppung hört die Raupe auf zu fressen und beginnt umher zu laufen; dabei neigt sie dazu, aufwärts zu kriechen. So findet man die Puppen nicht selten in 3—4 Metern Höhe an der senkrechten Rindenfläche eines Baumes, an schräg geneigten Ästen auf deren Unterseite.

In allen diesen Dingen unterscheiden sie sich nicht von den Kohlweißlingsraupen, auch nicht in der Art, wie sie sich zur Verpuppung anheften. Mancher hat wohl schon eine Kohlweißlingspuppe gesehen und weiß, daß sie nicht in einem Kokon liegt, sondern frei hängt, gestützt lediglich durch einen Gürtel aus einigen Gespinstfäden. Das Gleiche gilt für *Ascia*.

Wie macht die verpuppungsreife Raupe das? Der Seidenfaden kommt aus einer düsenartigen Öffnung dicht unter dem Mund. Zu Beginn fertigt sie ein kleines dichtes Gespinst, geformt wie die Spitze eines Schuhes und hakelt sich in ihm mit dem hintersten Beinpaar fest. Nun neigt sie den Kopf zurück, wendet ihn etwas zur Seite und erreicht mit dem Mund einen Punkt auf der Unterlage etwa in der Höhc des 2. und 3. Hinterleibsringes. Hier drückt sie den Faden an, zieht ihn mit zurückgeneigtem Kopf aus, hinüber zur entgegengesetzten Seite, und drückt ihn hier ebenfalls an die Unterlage, zieht ihn erneut zur anderen Seite aus, so einige Male hin und her, bis der Gürtel fest genug ist. Beim Spinnen wird der Körper kürzer und dicker, gleicht nach einigen Stunden schon mehr einer Puppe als einer Raupe; der Gürtelfaden läuft über den Rücken, in einer Vertiefung zwischen zwei Buckeln. Nun kann es noch Stunden dauern bis zur eigentlichen Häutung zur Puppe.

Einmal half ich einem Photographen mit Material für einen Film, den er über *Ascia* drehen wollte. Er hatte schon viele schöne Bilder, aber es fehlte ihm noch die Häutung zur Puppe. Stundenlang saß er mit dem Finger am Drücker, sogar die Nacht hindurch. Ungefähr um 9 Uhr früh verließ er den Apparat für 3 Minuten, ohne für Ablösung zu sorgen, — und schon war es geschehen. Damals wußte ich noch nicht, daß die Verpuppung nicht in der Nacht stattfindet; das haben wir erst später herausgefunden. Wenn der Tag von 6—18 Uhr dauert, beginnen die Verpuppungen ungefähr um 10 Uhr; bis zum Sonnenuntergang schaffen es 90% der Raupen, davon mehr als ein Drittel erst in den letzten zwei Stunden. Bei der Häutung platzt die Raupenhaut am Rücken hinter dem Kopf; sie löst sich ab, rollt sich gegen das Hinterleibsende ein, bleibt zuweilen noch einige Zeit am „Schuh" hängen, bis sie schließlich abfällt.

In den ersten Stunden hat die Puppe noch die gleiche Farbe wie die Raupe; aber das ändert sich allmählich. Die endgültige Farbe der Puppe aber hängt von der Farbe des Untergrundes ab: auf einem Blatt wird sie grün, auf dunkler bzw. heller Unterlage dunkel bzw. hell. Das Puppenstadium dauert etwa eine Woche. Bei einer letzten Häutung schlüpft dann der Falter; auch dieses geschieht vor allem tagsüber, meist zwischen 9 und 17 Uhr. Wenn man annimmt, daß die letzten Häutungsvorbereitungen etwa eine

Stunde in Anspruch nehmen, bedeutet das: die Häutung beginnt zwischen 8 und 16 Uhr, d. h., in dem Tagesabschnitt, in dem die Falter aktiv sind.

Viele Menschen meinen, daß Tiere wie die Schmetterlinge nur an sonnigen und warmen Tagen tätig sind; bei *Ascia* ist das jedoch nicht der Fall. Freilich, unterhalb von 10—12° ist *Ascia* nicht aktiv, bleibt auch bei Regenwetter ruhig an geschützten Stellen sitzen. Aber von 12° an aufwärts werden die Falter etwa um 8 Uhr munter, bis etwa 16 Uhr; dann verschwinden sie zu ihren Übernachtungsorten, mag auch die Sonne noch scheinen und die Temperatur über der des Vormittags liegen. Ihre Tätigkeit wird von einer „inneren Uhr" gesteuert; darüber hören wir später noch mehr.

Wie aber benimmt sich der Falter in der freien Natur? Auf den Inseln entlang der atlantischen Küste gibt es meist eine Küstenstraße, oft dicht hinter den Dünen, zuweilen auf den breiten Stellen und gegen die Lagunen hin sich schlängelnd. Wir fahren vom Festland über eine Brücke auf die Insel, bis zu einem großen Villenviertel mit schönen Gärten; dann weiter auf der Küstenstraße abwärts. Alsbald ist der Weg von Palmen, Eichen und anderen Bäumen umgeben; eine Lagunenbucht reicht fast bis zur Straße, wir sehen auf Sümpfe und mit Mangrove bewachsene Inseln. Es ist 9 Uhr, bei 22°, die Sonne scheint; es herrscht das weiche goldene Licht, das so bezeichnend für den Frühling in Florida ist. Wir sind sieben bis acht Kilometer auf der Küstenstraße gefahren, haben aber noch keinen Falter gesehen. Kein Wunder: *Batis*-Pflanzen und daher auch Falterwanderungen fehlen hier durchaus. Man muß wissen: es gibt Gebiete, die weithin von *Batis* bedeckt sind; es gibt aber auch andere, in denen *Batis* durchaus fehlt. Die Entwicklungsplätze von *Ascia* sind inselartig verteilt, getrennt durch Abstände von wenigen bis zu 30 Kilometern.

Aber jetzt sehen wir die ersten weißen Falter die Straße überqueren; es werden mehr und mehr. Wir bleiben an einer Stelle, an der wir Dutzende ringsum sehen. Die Straße verläuft hier dicht an der Meeresküste, hinter Dünenreihen mit einzelnen Büschen am Straßenrand; auf der anderen Seite steht eine dichte Mauer von Gebüsch und Kleinbäumen. Auf den breiten Randstreifen wachsen verschiedenste Blumen, darunter vorherrschend ein Zweizahn,

Bidens, ähnlich einer Marguerite. Das ist eine ungemein häufige Blume in Florida, und sie blüht meist das ganze Jahr. Alle nektarsuchenden Insekten sammeln sich auf ihr, nicht zuletzt auch *Ascia;* aber sie verschmäht auch andere Blüten nicht.

Die Falter kommen aus dem Gebüsch, fliegen von Blüte zu Blüte, saugen, fliegen zurück. Auffallend aber ist, daß weitaus die meisten Falter dunkel gefärbte Weibchen sind. Auszählen einer größeren Menge weist ihren Anteil mit etwa 80% aus. Wo aber ist *Batis*, die Nahrungspflanze der Raupen? Wir finden sie als stattlichen Bestand auf einem größeren Sumpfgebiet hinter dem Gebüsch, in Richtung Lagune. Am inneren Rande stehen vereinzelt schwarze Mangroven; mit den dunklen Stämmen und dem graugrünen Laub erinnern sie an alte Grauweiden. Über den ganzen Bereich hin fliegen Schmetterlinge, hier aber sind es vor allem weiße Männchen. Sie fliegen hin und her, ohne zu saugen; hier gibt es auch kaum Blüten. Den Hunger kann *Ascia* nur am Straßenrand stillen. Zur Zeit findet man an den *Batis*-Pflanzen wohl einige Eier, aber nur wenig Raupen; Puppen sehen wir überhaupt nicht. Später am Tage aber saugen die Männchen an den Straßenrändern, und die Weibchen sind eifrig bei der Eiablage. Wenn man einen Blick dafür bekommen hat, erkennt man leicht das legewillige Weibchen: es fliegt mit eigenartig schwirrendem Flug eine Pflanze an, landet, streckt den Hinterleib, preßt dessen Spitze gegen das Blatt und hebt ihn mit einer gleitenden Bewegung wieder ab; das Ei hat seinen Platz; im Schwirrflug geht es zur nächsten Pflanze.

Wir versuchten, die auf einer Zweizahngruppe versammelten Falter zu markieren. Ein in Alkohol aufgelöster kräftiger Farbstoff wurde mit einer Spritzkanne, wie man sie für Öl verwendet, auf die sitzenden Schmetterlinge gespritzt; mit etwas Übung gelingt das auf 2—3 Meter Abstand. Wurden sie allzustark durchtränkt, fielen sie wohl zuweilen herunter, aber nach dem Verdunsten des Alkohols flogen sie davon; die meisten störte das Markieren gar nicht. Fliegende Falter mit der Spritzflasche zu zeichnen gelang uns jedoch nicht.

Mit diesem Verfahren ergab sich folgendes: Auf dem kleinen Zweizahnbestand trieben sich zwischen 9 und 16 Uhr ziemlich regelmäßig etwa 300 Falter nektarsaugend herum; jeder blieb etwa

50 Minuten. Die Weibchen sogen vorwiegend in den ersten Stunden am Vormittag, die Männchen später; aber zudem schien es, als ob jedes Individuum eine bestimmte Zeit einhielte. Die gekennzeichneten Tiere kehrten nicht immer zum Markierungsort zurück; man fand sie einige hundert Meter auf beiden Seiten längs der Straße. An den folgenden Tagen tauchten mehr und mehr Markierte in immer größerem Abstand vom Markierungsplatz auf. Diese langsame Ausbreitung hat nichts mit den eigentlichen Wanderungen zu tun. Sie kann sich auch nicht über längere Zeit erstrecken; denn das Falterleben ist kurz. Im Laboratorium lebten die Weibchen 7—10, die Männchen 5—6 Tage. Es ist unwahrscheinlich, daß alle Markierten frisch geschlüpft waren. So nahm denn auch ihre Zahl rasch ab; nach 5 Tagen waren sie alle verschwunden.

Aber wie steht es mit den eigentlichen Wanderungen? Es wird Zeit, nunmehr darüber zu sprechen. Aber ich meine, daß man die Wanderungen der Insekten nicht richtig verstehen kann, wenn man nicht alles über ihre Lebensweise gründlich kennt. Daher ist es auch wichtig, die Inseln mit den *Ascia*-Kolonien öfter zu besuchen. Eine bis zwei Wochen danach ist es dort recht öde, man sieht nur noch vereinzelte Falter am Straßenrand. Aber in den Sümpfen finden wir jetzt eine Menge Raupen. Das darf man freilich nicht allzu wörtlich nehmen; das *Batis*-Gebiet ist sehr groß, sodaß auch bei starkem Raupenbesatz deren Dichte nicht sehr auffällig ist. Die meisten Raupen sind jetzt groß, vereinzelte klein; man findet auch noch einige Eier, ferner wenige Falter, zumeist alte Weibchen mit zerfetzten und abgeriebenen Flügeln. Nach einer weiteren Woche sieht es noch dürftiger aus: vereinzelte Raupen, ganz wenige Falter; eifriges Suchen aber bringt die schwer zu entdeckenden Puppen zu Tage.

Bereits wenige Tage darauf ist alles verändert. Man sieht einige rasch davonziehende Falter. Aber wenn wir zur Küstenstraße kommen und Rast machen, erleben wir das Schauspiel des ständigen Zuges vorbeiwandernder Schmetterlinge. Man ist zunächst erinnert an das erste Schneegestöber des Jahres. Sobald man die einzelnen Individuen verfolgt, imponiert jedoch die entschlossene Sicherheit des raschen Fluges; es ist nicht der Tanz der Schneeflocken nach der Laune des Windes, es sind lebende Wesen, die eine Bestimmung vollziehen. Ich habe die wandernden Falter hunderte von Malen gesehen; jedesmal war ich begeistert und tief dankbar, Zeuge dieses wunderbaren Schauspieles zu sein.

Ich wäre ein schlechter Biologe, wenn nicht zugleich meine Neugier geweckt würde. Wie kommt die Wanderung zustande? Welchem Ziele streben die Tiere zu? Wir setzen also zunächst unser Weg auf der Küstenstraße fort, dem Zug der Falter entgegen; trotz schwacher Biegungen der Straße halten sie sicher eine Hauptrichtung ein, in der Masse einmal mehr auf dieser, einmal auf jener Straßenseite, prallen, die Straße querend, an die Windschutzscheibe des Wagens, an der sie mit zerdrücktem Leib eine klare Flüssigkeit hinterlassen: den Mageninhalt. Vor dem Start hatten sie offenbar eine tüchtige Nektarmahlzeit gemacht; Futtermangel kann also kaum die Wanderung ausgelöst haben.

In der Nähe der Kolonie (*Batis*-Gebiet) wimmelt es von Faltern; viele saugen an den Blüten, noch mehr flattern umher. Auch direkt im Vermehrungsbereich sieht man Falter; sie scheinen aber alle der Straße zuzustreben. Wir fahren weiter auf der Straße, bewegen uns zunächst noch in dem großen Gewimmel. Aber dann sieht man einzelne, die gerichtet davonfliegen, nun aber in die entgegengesetzte Richtung, d. h., in unsere Fahrtrichtung. Je weiter wir uns vom Vermehrungsgebiet entfernen, desto geringer wird die Zahl der Saugenden, desto größer die der Wanderer, bis diese schließlich ganz das Feld beherrschen.

Die Küste verläuft hier von SSE nach NNW, meist spricht man bequemer von einer N-S-Richtung. Es weht ein frischer Passat von SE. So haben die nach Süden fliegenden Falter halben Gegenwind, die nach Norden fliegenden halben Rückenwind. Anscheinend fliegen gleich viele in beide Richtungen; der Wind ist also offenbar ohne Einfluß auf die Wanderrichtung.

Wohin aber führt diese Wanderung? Wir folgen einem der Züge. An einer Stelle macht die Straße eine scharfe Kurve; die Schmetterlinge verlassen die Straße und fliegen geradeaus. Später, nach einer erneuten Straßenbiegung zur alten Richtung hin treffen wir den Zug wieder; er ist beim Flug über die Gebüsche nur ein wenig zersplittert; in Richtung zum Meer dicht hinter den Dünen gibt es einen kleinen Nebenzug. Endlich, nach etwa 20—30 Kilometern, kommen wir wieder in ein *Batis*-Gebiet, und natürlich gibt es Blumen am Straßenrand. Die Falter saugen an den Blüten, tummeln sich über den *Batis*-Beständen, haben den zügigen gerichteten Flug aufgegeben. Die Wanderung hat hier ihr Ende gefunden.

Aber was geschieht mit denen, die die entgegengesetzte Richtung einschlugen? Wir fahren zum „Ausbruchszentrum" zurück; (so nennt man häufig den Bereich, in dem die Bedingungen für die Massenvermehrung einer Tierart günstig sind). Je weiter wir von dort aus fahren, desto stärker nimmt die Zahl der Wanderer ab; schließlich fehlen sie ganz. Auf der Rückfahrt sehen wir noch eine Menge Falter saugen und herumfliegen, aber der Wirbelflug und das Wegwandern haben aufgehört. Es ist erst 14 Uhr und es dauert noch lange, bis vollkommene Ruhe einkehrt. Aber die Wanderung ist vorbei. Die Nachzügler saugen noch ein wenig, schicken sich dann zum Übernachten an an dem Platz, den sie eben noch erreicht haben.

Wir haben einen typischen kleinen Wanderzug erlebt; zahlenmäßig ausgedrückt: es flogen 20—40 Individuen pro Minute vorbei.

Am nächsten und vielleicht noch an einzelnen weiteren Tagen wird sich die Wanderung wiederholen. Aber dann ist es aus, und die Kolonie sieht wieder aus wie bei unserem ersten Besuch vor einem Monat. Noch eine Woche lang wird es viele Schmetterlinge geben; sie saugen an den Blumen des Straßenrandes oder fliegen im *Batis*-Moor umher. Aber dann verschwinden sie, wenn nicht inzwischen Zuzug aus einem andern Entwicklungsplatz kam. Zumeist findet von jeder Kolonie aus dreimal Abwanderung statt, in Abstand von etwa einem Monat; gewöhnlich wird dabei die Zahl der Wanderer immer größer. Nach dem letzten Abwandern werden noch mehr Eier abgelegt als sonst; aber die meisten gehen vor dem Schlüpfen der Raupen verloren, vielleicht durch die Tätigkeit eines Raubinsekts. Die schlüpfenden Raupen entwickeln sich noch zu Puppen; die meisten Puppen aber fallen der Larve einer Schmarotzerfliege zum Opfer. In den folgenden neun Monaten gibt es nur wenige Falter; dann folgt wieder eine Reihe von Massenvermehrungen und Abwanderungen. An den verschiedenen Kolonien treten sie beinahe jedes Jahr genau am gleichen Tag auf; aber das Datum ist unterschiedlich an verschiedenen Orten. Es war uns nicht möglich den Grund dafür zu finden. Jedenfalls beginnen die südlichen nicht früher als die nördlichen.

Wenn der Winter, wie es vorkommen kann, besonders kalt mit mehreren Frostnächten ist, gehen alle Kolonien zugrunde, außer in den südlichsten Teilen der Halbinsel; die Vermehrungsrate kann dann einige Jahre lang so klein sein, daß es nicht zu Wanderungen kommt. Nach einigen milden Wintern wachsen die Kolonien in den mittleren Teilen Floridas (hier machten wir die meisten Beobachtungen); dann kommt es zu starken Massenvermehrungen und Wanderungen über weite Strecken. Darüber hören wir später noch mehr; vorerst sollen uns noch einige Besonderheiten der Wanderflüge beschäftigen, die erst nach längerer Beobachtung klar hervortreten.

Eine erste Frage: Wie können die Tiere den Kurs halten? Sie scheinen sich ja bei Beginn der Wanderung für eine bestimmte Richtung zu „entscheiden", die sie dann stundenlang beibehalten.

Der Kurs kann wohl auf verschiedene Weise festgelegt werden. Häufig spielt sich — ich wies schon darauf hin — folgendes ab: Die Falter kommen vom Moor, um zunächst eine gute Mahlzeit an der Straße einzunehmen. Die Blumen aber stehen überwiegend am Straßenrande; der Flug von Blüte zu Blüte geht also meist in eine Richtung. Man kann beobachten, daß ein Falter die Blüten immer seltener besucht, immer häufiger, dann ausschließlich fliegt: die Wanderung hat begonnen. Das wirkt vielleicht auch anstekkend: die Falter, die nach dem Saugen zunächst noch richtungslos herumwirbeln, sehen solche, die schon auf der Wanderung sind, und schließen sich ihnen an. Aber es mag auch noch andere den Kurs bestimmende Faktoren geben. Die große Bedeutung des Fluges während der Nahrungsaufnahme wird deutlich an Querstraßen, z.B. an den Brücken, die die Inselgruppen mit dem Festland verbinden; wir sahen mehrfach, daß der Flug sich hier, der Straße folgend, über die Brücke hinweg in das Festland hinein fortsetzt.

Wir hörten schon, daß es in Florida nur wenige Kreuzblütler gibt. *Batis* wächst nur an der Küste. Schmetterlinge, die in das Festland einwandern, kommen durch offene Föhrenwälder, über Moore und meilenweit sich dehnende offene Grasebenen mit zerstreuten Palmengruppen (Indian Prairie). Nirgends gibt es hier Pflanzen, auf denen *Ascia* Eier ablegen könnte. Von den Beobachtungen an der Küste wissen wir, daß bei Abflauen des Wandertriebes der Flug bei der ersten Gelegenheit zum Eierlegen abgebrochen wird. Die Wanderungen in das Festland hinein zeigen, daß der Flug beim Fehlen dieser Gelegenheit fortgesetzt wird.

Eine unserer ersten Beobachtungen machten wir gerade an einem solchen Überland-Wanderzug; das war für unser Verständnis von großer Bedeutung. Eines Morgens waren wir von unserm Stützpunkt Archbold Station in der Mitte der Halbinsel aus unterwegs zur Küste. Es ging zunächst nach Osten an die Nordspitze des großen Okeechobee Sees, dann nordwärts; nach einem Dutzend Kilometer bogen wir wieder ostwärts in einen Weg ein, der geradeaus zur Küste führte. Auf der Nordstrecke kreuzte ein schwacher *Ascia*-Zug den Weg, von NE kommend verschwand er nach SW. Wir fuhren 5—6 Kilometer weiter; auf der Oststrecke trafen wir wieder auf Falter, die von NE kamen; es mußte sich nach den Eintragungen auf der Karte um den gleichen schwachen Zug von vorhin handeln. Nur etwa ein bis zwei Falter pro Minute zogen vorbei. Sie konnten sich bei den großen Abständen sicherlich nicht sehen; aber trotzdem kreuzten sie den Weg in einem Bereich von weniger als hundert Metern. Auf der Karte erreichte die nach NE verlängerte Zuglinie die Küste beim San Sebastian Kanal; die spätere Inspektion ergab hier tatsächlich ein Vermehrungszentrum. Natürlich wissen wir nicht, wieviele Falter sich auf der langen Strecke bis zum Beobachtungsplatz an der Straße verirrt haben; aber der Zug, dem wir begegneten, hat die Richtung offenbar außerordentlich präzise eingehalten. In SW-Richtung ist der erste Platz mit Möglichkeit zur Eiablage das kleine Dorf Moore Haven südwestlich vom Okeechobee See. Hier sah man früher eine Kolonie am Wegrand auf Kresse; aber sie blieb niemals längere Zeit. Als wir einige Tage später dort wieder vorbeikamen, gab es eine ansehnliche Menge Schmetterlinge; es ist nicht von der Hand zu weisen, daß es die waren, die die lange Wanderung über das unwegsame Festland unternommen hatten.

Wie *Ascia* den Kurs so gut einhalten kann, weiß man nicht genau; wahrscheinlich benutzen sie, wie manche andere Insekten, z. B. die Bienen, die Sonne als Kompaß. Die großen Fazettenaugen der Insekten bestehen ja aus einer Menge kegelförmiger Einzelaugen. Für *kurze* Flugreisen mag die Annahme genügen: die Falter fliegen, um den Kurs zu halten, so, daß die Sonne immer in das

gleiche Einzelauge hineinscheint. Für *lange* Reisen reicht diese Annahme nicht aus. Die Sonne steht ja nicht still, sondern macht eine
scheinbare Bewegung von 15° in der Stunde von Ost nach West.
Für 50 Kilometer braucht *Ascia* gute vier Stunden. Wenn sie an
der Küste beim Sebastian Kanal nach SW starten und immer den
gleichen Winkel zur Sonne einhalten, wären sie nach 4 Stunden
keineswegs an dem Platz, an dem wir sie sahen. Die bestmögliche
Erklärung ist: wie Zugvögel und Bienen verfügt *Ascia* über eine
„innere Uhr", die es ihm ermöglicht, die Änderung des Sonnen-
standes im Verlauf der Wanderung einzukalkulieren und so den
Kurs zu halten. Das ist zwar für unsern Falter nicht bewiesen, ich
weiß aber keine bessere Erklärung. Daß diese Zeitkorrektur Tag
und Nacht wirksam ist, macht der Zeitpunkt unserer Beobachtung
wahrscheinlich: wir trafen den Zug zwischen 9 und 10 Uhr vormittags; diese Falter hatten einen vierstündigen Flug hinter sich,
müssen die Wanderung also am Tage vorher begonnen, irgendwo
unterwegs übernachtet und am nächsten Tag die Wanderung mit
genau dem gleichen Kurs fortgesetzt haben.

Je mehr man das Leben der Insekten untersucht, desto mehr
neigt man dazu, nichts mehr für unmöglich zu halten. Als v.
Frisch nach USA eingeladen wurde, um Vorträge zu halten über
die Fähigkeit der Bienen, Zeit, Richtung und Abstand einer Futter-
quelle zu erkennen und den Stockgenossen mitzuteilen, demon-
strierte er seine Entdeckungen mit Filmaufnahmen, mit der Be-
gründung, man könne nicht erwarten, daß ein vernünftiger
Mensch ihm glaubt, wenn er nur darüber erzählte.

Wir wollen also, bis wir mehr davon wissen, annehmen, daß der
Kurs durch eine Lichtkompaßreaktion eingehalten wird. Ich
spreche deshalb nicht von Sonnenkompaß, weil Tiere, die sich so
orientieren, nicht die Sonne selbst zu sehen brauchen. Zumindest
die Bienen können die Polarisation des blauen Himmelslichtes
sehen und dadurch den Sonnenstand erkennen. Dieser Lichtkompaß funktioniert also nur, wenn der Himmel nicht ganz bedeckt
ist. Eine einzelne Beobachtung scheint zu zeigen, daß *Ascia* nicht
an Tagen wandert, an denen der Himmel ganz mit Wolken bedeckt ist.

Unsere Falter können sich aber auch anders orientieren; sie folgen dem Lichtkompaß nicht blindlings. Schon bei der ersten

Beobachtung fiel auf, daß die Wanderer an der Straße blieben, auch wenn diese die Richtung dann und wann etwas änderte. Viele Beobachtungen zeigen, daß die Wanderflüge oft solchen Marken folgen, die auch für den Menschen Anhaltspunkte in der Landschaft sind: Wege, Dünenketten, Eisenbahngleise usw., vorausgesetzt, daß die Abweichung vom einmal eingeschlagenen Kurs nicht mehr als etwa 20° beträgt. Das erinnert an einen Flieger, der je nachdem nach direkt sichtbaren Kennzeichen fliegt, oder einen Automatpiloten zum Kurshalten benutzt. Das muß die Erklärung dafür sein, daß ein Falterzug zunächst einer Straße folgt, bei einer plötzlichen starken Straßenbiegung jedoch nach dem Lichtkompaß geradeaus weiterfliegt.

Ein *Ascia*-Zug folgte einem Weg, der eine Biegung von 20° machte. Bis hierher standen längs des Weges Leitungsmasten, die sich bei der Biegung geradeaus fortsetzten in einer durch das Gebüsch geschlagenen Schneise. Nun hatten die Falter die Wahl: der Leitungsmastenreihe folgend geradeaus zu fliegen oder am Weg zu bleiben. Die Meinungen waren geteilt; die einen machten dies, die anderen das. Im allgemeinen konnte man sogar schon aus der Ferne erkennen, welche der beiden Möglichkeiten sie nutzen würden.

Die Bedeutung der direkten Orientierung wird deutlich beim Flug über Wasser. Einer meiner Kollegen hat einen Flug über den Ozean gesehen; aber das ist sehr selten, ich selber beobachtete es nie. Dagegen überfliegen sie ohne Bedenken kleine Buchten und Fjorde, wenn diese in ihrem Kurs liegen. Dabei bedienen sie sich keineswegs allein des „automatischen Piloten", sondern steuern auch nach Sicht. Für den Überwasserflug mit Seitenwind gibt es mehrere Möglichkeiten: Man kann mit dem Lichtkompaß fliegen, ohne sich darum zu kümmern, wo man landet; der Flugweg wird beachtlich schräg vom ursprünglichen Kurs abweichen. Oder man kann ein bestimmtes Ziel ansteuern, das auf der andern Seite im Kurs liegt. Wenn man die Abdrift einrechnet, kann man, wie ein Schiff, direkten Kurs halten; wenn das aber nicht möglich ist, wird der Flugweg eine krumme Bahn mit der Höhlung gegen den Wind.

Bei Cap Canaveral gibt es mehrere Reihen von sehr breiten Inseln, die sich gegen Süden zu der üblichen Inselreihe einschmälern. Die inneren Inseln enden mit einer langen, recht schmalen Spitze, die bei einer Länge von zwölf bis vierzehn Kilometern einige hundert Meter breit ist. Entlang diesen Landzungen finden viele *Ascia*-Wanderungen statt. Einmal standen wir, bei Ostwind, auf der Hauptinsel und sahen Schmetterlinge an einer Stelle in der Verlängerung der Landzunge landen. Sie kamen jedoch nicht von der Richtung der Landspitze (von NNW) herein, sondern von Westen. Damals dachte ich an keine Erklärung, zeichnete nur eine Skizze des großen Bogens beim Flug über Wasser. Sie flogen sehr tief gerade eben über den Wellen; wir konnten sie jedoch mit dem Feldstecher über den ganzen Weg verfolgen. Die gerade Strecke war ungefähr 500 Meter lang, aber die Falter flogen wohl einen doppelt so langen Weg. Das läßt sich nur so erklären, daß sie über den halben Kilometer Wasser hinweg den Punkt bestimmen, den sie erreichen sollen, und während des ganzen Fluges Kurs darauf zu halten.

Ich erwähnte schon, daß oft vom gleichen Ausbruchszentrum zwei Wanderzüge nach entgegengesetzten Richtungen ausgehen, ein Beweis dafür, daß die Wanderrichtung nicht durch den Wind bestimmt wird. Bestätigt wird das noch durch die Beobachtung, daß man zwischen zwei Ausbruchszentren nebeneinander zwei Wanderzüge mit entgegengesetztem Kurs findet.

Aber gleichwohl ist der Wind nicht ganz ohne Einfluß. Bei starkem Wind fliegt *Ascia* tief, gerne in Windschutz von Hecken und Ähnlichem, zumal bei Gegenwind. Bei stillem Wetter dagegen liegt der Flug höher, ist auch viel ruhiger. Und natürlich ist der Wind auch für die Fluggeschwindigkeit von Bedeutung. Nur muß man wissen, von welcher Geschwindigkeit man spricht: von der Geschwindigkeit gegenüber dem Boden („ground speed"), die man direkt sieht; oder von der Geschwindigkeit gegenüber der Luft („air speed"), die der Arbeit des Tieres entspricht. Wenn *Ascia* immer mit der „air speed" von 12 Stundenkilometern fliegt, sollte sie bei einem Rückenwind von 10 Stundenkilometern eine „ground speed" von 22 Stundenkilometern haben, bei gleichem Gegenwind aber nur 2 Kilometer in der Stunde vorankommen. Tatsächlich aber ändert sich die Geschwindigkeit gegenüber dem Boden nur wenig, beträgt meist 10—15, im Durchschnitt 12 Kilometer pro Stunde. Offenbar wird die Geschwindigkeit mit Sichthilfe reguliert; der Falter fliegt keineswegs mit gleichbleibender Arbeitsleistung.

Von beachtlicher Bedeutung ist ferner die Temperatur. Unter 24° gibt es kein richtiges Wandern; die Schmetterlinge fliegen zwar auch bei niederen Temperaturen ständig ungefähr in die gleiche Richtung, aber nicht so rasch und entschlossen wie sonst. Sie halten bei jeder Blüte an und umflattern sie.

Wenn ein Regenschauer die Wanderer überrascht, suchen sie unter Blättern und ähnlichem Schutz; aber sobald es wieder trocken ist, setzen sie den Flug fort. Andauernder Regen am Morgen und, wie schon gesagt, ganz bedeckter Himmel, auch ohne Regen, hindern den Beginn des Wanderns. Aber das kommt in Florida selten vor; ich habe nur zwei oder drei entsprechende Beobachtungen.

Wenn man etwas außerhalb eines Ausbruchsgebietes über den ganzen Tag hin die Menge der Wanderer in Stichproben feststellt, zeigt sich, daß die größte Masse zwischen neun und zehn Uhr kommt; dann nimmt die Zahl rasch ab. Der Zug setzt sich zwar ständig fort, aber nur mit einem Bruchteil der Menge in der ersten Stunde.

Aus den Serien von Beobachtungen und Berechnungen will ich nur einige Ergebnisse nennen. Sie beziehen sich auf die Weibchen; wir können das Alter der Männchen nicht bestimmen, aber es wird von dem der Weibchen nicht stark abweichen.

Man darf ja nicht meinen, daß ein Insekt, dem etwas bestimmtes nachgesagt wird, dieses auch immer tut. „Mücken saugen Blut"; aber keineswegs wird man von jeder Mücke, die man sieht, und sollte es auch ein Weibchen sein, sofort überfallen. Wenn ein Weibchen gestochen und eine gehörige Menge Blut gesaugt hat, wird es drei bis vier Tage still sitzen, die Mahlzeit verdauen und die Eier reifen lassen. Dann vergeht ein Tag damit, sie zu legen, und endlich ist es wieder zu einer Blutmahlzeit bereit. Wenn es noch dazu eine von den Arten ist, die, wie die Malariamücken, nur bei einer bestimmten Beleuchtung stechen, begreift man, daß in dem Mückenleben (2—3 Wochen) das Stechen nur einige kurze Perioden beansprucht.

Ähnliches gilt für wandernde Insekten. Bei *Ascia* meldet sich der Wandertrieb erst im Alter von ungefähr achtzehn Stunden und erlischt meist im Alter von dreißig Stunden. Dabei ist mit Alter die Zeit nach dem Schlüpfen aus der Puppenhaut gemeint. Außerdem sind ja die Wanderungen an eine bestimmte Tageszeit gebunden (9—14 Uhr). Alle Falter, die in der Nacht und früh am Morgen achtzehn Stunden alt wurden, werden deshalb um neun Uhr zum Abwandern bereit sein. Und das sind viele; denn wir wissen ja, daß weitaus die meisten tagsüber, und zwar vormittags und mittags, schlüpfen. So wird begreiflich, warum in den ersten Vormittagsstunden beiläufig zwanzigmal mehr Schmetterlinge abwandern als später; dann sind es nur die, die nach und nach das richtige Alter erreichen. Die, die am späten Abend und während der Nacht schlüpfen — auch das kommt vor —, werden erst achtzehn Stunden alt, wenn am nächsten Tag die Wanderzeit bereits verstrichen ist; am übernächsten Tag aber sind sie mit über 30 Stunden schon zu alt zum Wandern. Deshalb kommt eine gewisse Anzahl — wohl etwa ein Viertel — niemals zum Wandern. Die Beobachtungen an Ort und Stelle bestätigen das.

Diese Berechnungen gelten für kleine bis mittelgroße Vermehrungsraten und entsprechende Ausbrüche. Da lassen sich die Wanderer Zeit zu einer guten Morgenmahlzeit, starten gegen neun Uhr, wandern bis etwa 14 Uhr und haben dann auch noch Zeit, ein geeignetes Gebiet für die Abendmahlzeit zu finden. Bei sehr großen Ausbrüchen — wir sahen deren einige — ist der Wandertrieb so stark, daß am Morgen kaum Zeit zum Saugen bleibt, und er hält bis gegen Sonnenuntergang an, macht sich möglicherweise noch am nächsten Tag für einige Stunden bemerkbar. Aber unsere Beobachtungen reichen nicht aus, die verwickelten Verhältnisse zu klären.

Das Auftreten eines zahlenmäßigen Maximums am Vormittag erwies sich als sehr nützlich für die genaue Analyse der Wanderzüge. Findet man z. B. durch Auszählen in gewissen Zeitabständen das Maximum um etwa 11 Uhr und zugleich eine Wandergeschwindigkeit (ground speed) von 11 Kilometern pro Stunde, so muß das Ausbruchszentrum 22 Kilometer entfernt liegen. Nach diesem Verfahren haben wir in der Tat mehrere Male Zentren gefunden, von denen wir vorher nichts wußten. Freilich wird das Maximum nach und nach verwischt, da die Falter nicht alle gleich rasch fliegen.

Durch Verfolgen mit dem Auto und durch Auszählen des Maximums konnten ohne Zweifel viele Eigenarten der Wanderzüge bestimmt werden. Doch lag uns daran, die Ergebnisse bei gewissen Gelegenheiten auch noch durch Markieren der Falter zu bestätigen.

Die früher verwendeten alkoholischen Farblösungen waren nur für sitzende Falter brauchbar. Ein nach diesem Verfahren durchgeführtes Markieren an den Ausbruchstellen ist eine nicht zu bewältigende Aufgabe. So mußten wir nach einer Methode suchen, die wandernden Tiere während des Fluges zu markieren. Als sich dieses Problem ergab, war ich am Entomological Research Center tätig. In Zusammenarbeit mit unserem tüchtigen Mechaniker, Les Bourinot, fanden wir, daß man auch fliegende Falter treffen konnte, wenn nur der Spritzdruck stark genug und die ausgespritzten Farbtropfen klein genug waren. Aus einem alten Ölfaß fertigte Les Bourinot einen Druckbehälter an und stellte ihn auf ein Lastauto. Den Druck gab uns der Motor mit einem Ventil, das man statt einer Zündkerze am Motor montieren konnte. Wir fuhren dann an einen Platz, von dem wir wußten, daß dort der Falterzug gut konzentriert ist. Zum Markieren lösten wir ein halbes bis ein Kilo Farbstoff (Eosin, Rhodamin, Victoriagrün oder Methylviolett) in 150 Liter Alkohol in der Tonne auf und gaben einen Druck von 2 kg/cm² drauf. Zum Spritzen benutzten wir drei Schläuche mit Düsen, wie man sie zum Bewässern von Gärten benutzt.

In einem einigermaßen dichten Strom von 50—100 Individuen pro Minute kann man beinahe alle im Laufe einer Vierteltsunde vorbeifliegenden Individuen (500—1200) markieren. Außer den drei Männern, die spritzten und einem Mann, der auf die Maschinerie aufpaßte, halfen uns drei, die 30—50 Meter weiter vorne standen, um die Zahl der Markierten festzustellen. Beim größten Versuch markierten wir 3000 in 50 Minuten. Auf engen Stellen der Inseln, dort, wo der ganze Zug am leichtesten zu überblicken war, wurden in Wanderrichtung Beobachtungsorte hergerichtet. Die nächstgelegenen waren schon beim Spritzen besetzt; dann eilten die nun mit dem Spritzen fertigen Helfer zu weiter entfernten Punkten. Nicht alle Inseln sind miteinander verbunden; manche Punkte waren nur auf dem Umweg über das Festland erreichbar. Daß nicht nur die Falter, sondern auch Teile der Landschaft und die am Versuch beteiligten Personen tüchtig Farbe abbekamen, mußte man als Beigabe in Kauf nehmen.

Diese Versuche brachten drei wertvolle Ergebnisse. Der erste und wichtigste Erfolg war die Bestätigung unserer früheren Beobachtungen. Der zweite Befund betrifft einen Versuch mit einem der drei von uns beobachteten sehr großen Wanderzüge. Wir verfolgten den Zug, bis er ungefähr um 18 Uhr zur Ruhe kam. Die markierten Individuen befanden sich zu dieser Zeit innerhalb der für uns nicht zugänglichen Cap Canaveral Basis; wir konnten also nicht direkt sehen, wie sie „zu Bett gingen". Aber wir beobachteten die Vorweggruppe der Nichtmarkierten, die bis in das Gebiet nördlich der Basis kamen, ungefähr 120 Kilometer von der Ausbruchsstelle entfernt. Am nächsten Morgen sammelten sich alle Teilnehmer im Norden, wo wir den Zug überblicken konnten. So stellten wir fest, daß die Wanderung noch drei Stunden weiterging; wir sahen dabei 23 oder 24 Markierte. Dann war es plötzlich aus mit dem Wandern; es hatte sich über 130—135 Kilometer erstreckt. Die markierten Falter sind sehr leicht zu erkennen; man braucht sie nicht zu fangen. Das ist gut; denn wandernde Schmetterlinge zu fangen, zumal einen bestimmten, ist sehr schwer.

Einige zwanzig von mehreren tausend Markierten wiederzufinden, mag einem sehr kümmerlich vorkommen. Aber erfahrungsgemäß vermischen sich die markierten Tiere sehr rasch mit den unmarkierten, offenbar wegen der individuell verschiedenen Fluggeschwindigkeit. Aber gerade dies war das dritte Ergebnis der Markierungsversuche. Dazu hielten wir uns an weniger dichte Züge und kürzere Wegstrecken; zugleich wurde das Markieren auf 10 Minuten begrenzt. Bereits wenige Kilometer hinter dem Markierungsort war die Vermischung beachtlich. Nach 16 Kilometern dauerte der Durchzug der Markierten fünfzig Minuten; nur jeder fünfte Falter war gekennzeichnet. Danach konnte man berechnen, wieviele Markierte wir am Ende der Wanderung hätten sehen sollen: achtmal so viele, wie wir dann tatsächlich fanden. Es ist also wahrscheinlich, daß ein Teil der Wanderer vorher abbog auf einen anderen Weg, oder daß er die Wanderung schon früher abbrach. Aber solche Versuche sollten wir mehr gemacht haben.

Man überschätzt leicht die Teilnehmerzahl eines Wanderzuges. In den Dünen stehen hier und dort Holztürme für die Küstenwache während des Krieges. Einmal, als der Wind zum Meer hin wehte, standen wir hier und beobachteten einen *Ascia*-Zug entlang der Außenseite der Dünen. Wir bestaunten das glitzernde weiße Band, das sich so weit erstreckte, wie man in beiden Richtungen blicken konnte. Die unmittelbare Schätzung war, es müßten hunderttausende von Schmetterlingen unterwegs sein. Zählen und Berechnen zeigten jedoch, daß im Laufe des Tages nicht mehr als 4000—6000 Falter vorbeizogen. An den meisten Wanderzügen sind wahrscheinlich weniger als 15 000 Individuen beteiligt. Bei dem dichtesten Zug, den wir sahen, schätzten wir etwa 5000 pro Minute; an manchen Orten war er so konzentriert, daß der Querschnittdurchmesser kaum 2 Meter betrug; man hatte den Eindruck einer sich davonringelnden Schlange. Die Zahl betrifft das Morgenmaximum, hier 15—20 Kilometer von der Ausbruchstelle entfernt; da der Zug also wohl schon zwei bis drei Stunden andauerte, dürfte die Zahl der Individuen (unter Berücksichtigung der Vermischung) $2\frac{1}{2} \times 60 \times 5000 = 750000$ gewesen sein. In den letzten vier bis sechs Stunden — die Wanderung dauerte bis in den Spätnachmittag — ist nur etwa der zwanzigste Teil pro Stunde gekommen, d. h. etwa 75 000. Somit hat selbst dieser überwältigende Wanderzug kaum eine Million Schmetterlinge umfaßt. Ich füge noch hinzu, daß ein Zug von fast dem gleichen Umfang in die entgegengesetzte Richtung flog, und daß der Wanderzug fast zwei Wochen anhielt, wobei jedoch die Teilnehmerzahl an den folgenden Tagen bedeutend geringer war.

Das größte Rätsel der *Ascia*-Wanderungen ist wohl die Beziehung zwischen Massenvermehrung und Wandertrieb. Wir beobachteten kleine Kolonien; man findet sie in manchen Jahren nicht so selten auf dem Festland, und es gab mehrere recht nahe bei unserem Standquartier Archbold Station. Wir waren so mit ihnen vertraut, daß ich zu sagen wage: von ihnen aus gab es keine Auswanderung. Auch kannte ich die Küstenkolonien, die wir beinahe jedes Jahr längere Zeit kontrollierten, so gut, daß ich sagen kann: von den ganz kleinen Populationen gingen niemals Wanderzüge weg. Sehr schwache Wanderzüge — wir waren immer sehr bedacht, auch einen einzelnen Wanderer aufzuspüren — waren entweder ein Seitenzweig oder das äußerste Ende eines Zuges von einer sehr entfernten Ausbruchstelle. Erst wenn so viele Schmetterlinge schlüpfen, daß man von einer Massenvermehrung sprechen kann, kommt es zur Wanderung: kurze, individuenarme Züge bei schwächerer, länger dauernde und individuenreichere Züge bei stärkerer Vermehrung.

Ohne Zweifel gibt es einen Zusammenhang zwischen Individuenreichtum der Kolonien und Wandertrieb; aber der bewirkende Mechanismus ist nicht bekannt. Man weiß nicht einmal, ob die gegenseitige Beeinflussung — und die muß es wohl geben — schon im Raupenstadium oder erst später stattfindet. Am wahrscheinlichsten scheint mir: die Tiere müssen in den 18 Stunden zwischen Ausschlüpfen und eventuell bemerkbar werdendem Wandertrieb auf jeden Fall eine Nektarmahlzeit haben; vielleicht löst der Anblick der zahlreichen anderen Individuen den Trieb zum Wandern aus. Das bleibt jedoch vorerst eine Vermutung.

Über das Ende der Wanderungen wissen wir wenig Sicheres. Wenn ein *Ascia*-Weibchen die Puppenhaut verläßt, ist das Ovarium noch unentwickelt; erst nach 18—24 Stunden beginnen die Eier zu wachsen. Es folgt eine Reifeperiode; sie dauert bei einem im Laboratorium geschlüpften Schmetterling zwölf oder mehr Stunden. Nach 30—40 Stunden sind die Ovarien gereift.

An der Seite des Eileiters haben die Weibchen eine sackförmige Begattungstasche (Bursa copulatrix), die einem Ball mit eingedrückter Seite ähnelt. Bei der Paarung überträgt das Männchen in die sich dabei erweiternde Begattungstasche ein spermahaltiges kugelförmiges Gebilde (Spermatophor); von hier gelangen die Samenzellen in den Samenbehälter (Receptaculum seminis) des Weibchens und werden den Eiern zugesetzt, wenn sie durch den Eileiter gleiten. Wenn die Spermien in den Samenbehälter überführt sind, fällt die Begattungstasche wieder zusammen; schneidet man sie auf, findet man in ihr den leeren Spermatophor, bei alten Weibchen auch zwei, in seltenen Fällen sogar drei.

Man kann also bei der Sektion der Weibchen sehen, ob sie sich ein- oder mehrere Male gepaart haben. Eine ausgeweitete Samentasche deutet an, daß die Paarung kurz vorher stattfand. Aus der Größe der Eier kann man in etwa auf das Alter der Weibchen schließen, auch wenn die im Laboratorium gefundenen Zeiten vielleicht bei anderen Temperaturen oder bei freier Lebensweise nicht ganz gültig sind.

Wandernde Weibchen haben sich immer bereits gepaart; aber nicht selten ist die Begattungstasche noch ausgeweitet. Sehr wenige haben ganz unentwickelte Ovarien; aber niemals fanden wir eins mit ganz reifen Eiern. Sie dürften 20—36 Stunden alt sein.

Zuweilen dauert der Wandertrieb mehr als 24 Stunden; wenn er, wie üblich, im Alter von 18 Stunden auftrat, mußten solche Tiere bis zum Erlöschen des Wandertriebes bis zu 48 Stunden alt geworden sein. Leider versäumten wir, Wanderer des zweiten Tages auf den Entwicklungszustand ihrer Ovarien zu untersuchen.

Zwar sind in diesem und auch anderen Punkten weitere Untersuchungen dringend nötig. Aber es ist kaum zu bestreiten, daß die Wanderphase im wesentlichen mit der Periode der Ovarienreifung der Weibchen zusammenfällt. Wie es sich mit den Männchen verhält, wissen wir nicht; wir haben kein Mittel, ihr Alter zu bestimmen.

Wir wissen, daß das Reifen der Eier durch Änderungen im Hormonhaushalt bedingt ist; und wir wissen, daß z. B. bei Säugetieren manche nervösen Störungen — etwa Erschrecken — mit dem Ausschütten des Hormons Adrenalin gekoppelt sind. So könnte wohl das Auftreten des Wandertriebes durchaus mit einer Änderung des Hormonspiegels für das sexuelle Reifen gekoppelt sein, in der besonderen Form zugleich nervös beeinflußt durch den Anblick zahlreicher Individuen der gleichen Art. Das ist jedoch reine Spekulation, vorerst ohne jeden experimentellen Beweis.

Wenn die Eier gereift sind, könnte das Weibchen mit weiterer Änderung des Hormonhaushaltes in eine andere Phase kommen: der Trieb zum Eierlegen löst den zum Wandern ab, sofern die Bedingungen dafür erfüllt sind. Einige Beobachtungen machen diese Deutung wahrscheinlich, z. B. folgende:

Wir sahen eine Wanderung durch die Ortschaft Fort Pierce an der Ostküste Floridas; in diesem Gebiet machten wir überhaupt die meisten Beobachtungen. Der schwache Zug ging über das Festland, was durchaus nicht so selten ist. Er kam von Norden und folgte mitten durch den Ort den Eisenbahngeleisen; kurz vor dem Bahnhof kreuzte er eine Hauptstraße, die Orange Avenue. Während einer kurzen Eßpause sahen wir, meine Tochter und ich, einen Falter, der schräg über die Straße flog und über einem Hausdach verschwand, dann noch einen und noch einen. Es waren die Tiere vom Zug an der Eisenbahnlinie, die in der Orange Avenue eine scharfe Biegung um 45° nach links machten. Nach dem Überfliegen des ersten Hauses schwebten sie auf die nächste Straße hinab, überflogen eine dreistöckige Häuserreihe und so fort, auf und ab, immer mit Kurs nach Südosten; sie verließen dann den Ort über die Lagunen hinweg und flogen die Inseln an. In der Flugrichtung gab es 2½—3 Kilometer entfernt ein großes *Batis*-Gebiet. Es wehte ein ziemlich starker Wind (5—6 m/sec), entgegen der Flugrichtung, direkt von dem großen Vermehrungsgebiet her. Nun gibt *Batis* einen starken, auch für die Menschennase wahrnehmbaren Duft ab. Wir bemerkten ihn zwar nicht auf mehrere Kilometer Abstand; aber *Ascia* könnte sehr wohl dazu fähig sein. Die einfachste Deutung ist wohl: in der Ortschaft, beim Überqueren der Orange Avenue, traf die Wanderer der starke Reiz des *Batis*-Duftes, der Eierlegetrieb begann den Wandertrieb abzulösen, sie flogen zu dem Platz, der zum Eierlegen geeignet ist. Wir haben mehrere ähnliche Beobachtungen, aber keine war so ausgeprägt, wie die hier geschilderte. Zum Vergleich erinnere ich an die langen Wanderungen über das Innere der Halbinsel; sie finden offensichtlich erst dort ihr Ende, wo Gelegenheit zum Eierlegen ist.

So sicher es ist, daß eine Wanderung normal in einem Wirtspflanzengebiet endet, genauso sicher ist, daß die Falter bei starkem Wandertrieb solche Gebiete überfliegen, ohne Notiz von ihnen zu nehmen. Was sie tun, hängt ab von dem Zustand, in dem sie sich gerade befinden, von ihrer Stimmung oder, wie ich lieber sage, von ihrem Trieb. Jede Handlung eines Tieres setzt den Drang zu dieser Handlung voraus und einen Auslöser, der die Handlung in Gang setzt. Daneben gibt es Faktoren, die die Verwirklichung verhindern oder den Drang unterdrücken. So wird z. B. das Auslösen des Wandertriebes durch niedere Temperaturen unterdrückt.

Ich habe so eingehend über *Ascia* berichtet, weil ich dieses Tier aus persönlicher Erfahrung kenne, und weil eine gewisse Einsicht in seine Wanderungen erzielt wurde. Dies kann nicht ohne weiteres auf andere Insekten übertragen werden; wir werden die Besonderheiten anderer Arten weiterhin kennenlernen. Aber sicher gibt es in dieser Frage grundsätzliche, für alle Tiere geltende Dinge und das Verständnis wird erleichtert, wenn man eine Art gründlich kennt. Ich fasse daher die Hauptpunkte unseres Wissens über *Ascia* zusammen.

Der Schmetterling *Ascia monuste* lebt in Florida in Kolonien an der Küste; das ist typisch. Zu gewissen Zeiten tritt er beinahe gleichzeitig in großer Anzahl auf. Von den Ausbruchszentren aus wandern die Falter als Züge in bestimmter Richtung; sie halten den Kurs einerseits durch eine Lichtkompaßreaktion, andererseits direkt nach Sicht. Der Wandertrieb wird wach, wenn die Tiere 18—24 Stunden alt sind; seine Intensität und Dauer hängt von dem Ausmaß der Vermehrung in der Kolonie ab. Beim Wandern spielt sich bei den Weibchen die Reifung der Ovarien ab. Vermutlich enden die Wanderungen, wenn der Drang zum Eierlegen stark genug geworden ist; dann wird er durch den Duft der Pflanzen ausgelöst, an denen bei dieser Art die Eier abgelegt werden und auf denen die Raupen leben.

Der Monarch

Schmetterlingswanderungen sind ja sehr auffällig, besonders wenn viele Individuen unterwegs sind. Zumal dem britischen Forscher C. B. Williams ist es zu verdanken, daß viele Menschen sich für die Wanderfalter zu interessieren begannen; er hat ein großes Beobachtungsmaterial gesammelt. Es war die Absicht, an Hand dieses Materials die Wanderwege zu klären, ferner die Bedeutung von Umweltfaktoren und viele andere Probleme dieses auffallenden Geschehens. Das hat sich leider als Täuschung erwiesen.

Dafür gibt es verschiedene Gründe. Die Berichte haben natürlich unterschiedlichen Wert. Schlimmer ist, daß ein zufälliger Beobachter sich selten die Mühe macht, die Spur zum Ausgangspunkt zurückzuverfolgen oder das Ende der Wanderung aufzuspüren. Solche Erscheinungen kommen oft unerwartet; begreiflicherweise können dann nur wenige alles stehen und liegen lassen und forteilen, um den Wanderzug zu verfolgen. Beiläufige Beobachtungen sind auch deshalb oft nicht sehr wertvoll, weil es sich um eine Art handelt, die man zunächst nur ungenau kennt. Vermutungen machen aber oft mehr Schaden als Nutzen.

Das wesentliche Ergebnis ist der Nachweis, daß eine große Zahl von Arten mehr oder weniger oft Wanderungen unternimmt. Da Schmetterlingssammler manche dieser Arten nur zu bestimmten Jahreszeiten haben finden können, meint man, daß ihr Auftreten in einigen Gegenden ausschließlich auf dem Einwandern aus anderen Bereichen beruht. Dies gilt auch für einige dänische Schmetterlingsarten, so für den weitverbreiteten Distelfalter. Dieser interessante Falter ist fast auf der ganzen Erde zu finden. Man hat ihn oft beim Wandern beobachtet; aber leider weiß man über seine Lebensweise fast nicht mehr als eben die Tatsache, daß er wandert. Weitgehende Schlüsse aus so lückenhaftem Material zu ziehen ist gefährlich, wird aber doch oft gemacht. Vielfach meint man, daß die Distelfalter früh im Jahr nordwärts wandern, aus Gebieten südlich der Sahara über die Wüste, die nordafrikanischen Länder und das Mittelmeer nach Südeuropa, von dort weiter nach Nordeuropa, mitunter sogar bis Island. Man meint zwar, daß die aus dem Sudan und den Nigeriagebieten stammenden Individuen unterwegs halt machen und eine neue Generation erzeugen, die dann die Wanderung nach dem Norden fortsetzt. Es liegen aber keine Untersuchungen über solche Zwischenstationen vor. Das Vorrücken nach dem Norden leitet man aus dem Befund ab, daß sich der Falter im Laufe des Frühjahres und Vorsommers weiter und weiter nordwärts zeigt. Aber das Tatsachenmaterial ist gering.

Noch geringer ist es für die Annahme, daß eine Herbstgeneration zu den Ausgangspunkten zurückkehrt. Bei Beginn der Untersuchungen über *Ascia* hatte man die Vorstellung, daß alle diese Schmetterlinge im zeitigen Frühjahr längs der Küste Floridas und wahrscheinlich über das Karibische Meer südwärts wandern, keiner wußte wohin. An einem bestimmten Datum im Mai oder Juni sollte sich die Zugrichtung ändern und die Falter (vielleicht die Nachkommen der ersten Wanderer) sollten nun wieder nach Norden zurückwandern.

Das wirkliche Verhalten von *Ascia* ist etwas weniger phantastisch. Vielleicht bleibt nicht viel von den ähnlich phantastischen Geschichten über den Distelfalter übrig, wenn man seine Lebensweise ausreichend untersucht. Am besten ist vorerst, sich mit der Feststellung zu begnügen, daß diese Art, wie viele andere auch, Wanderungen unternimmt. Jede Art aber birgt interessante Probleme, die erst durch umfassende Untersuchungen gelöst werden können.

Eine Art aber soll näher behandelt werden; sie ist wesentlich besser erforscht als andere. Das ist der amerikanische Falter *Danaus plexippus*, der Monarch, ein schöner großer Falter, der interessierten Laien Nordamerikas wohlbekannt ist. In verschiedenen Varietäten ist er über die beiden amerikanischen Kontinente, die Inseln des Stillen Ozeans und Australien verbreitet. Aber wir behandeln hier nur die nördliche Varietät; nur bei ihr ist die Lebensweise genauer bekannt. Ihr Wandervermögen kennt man seit langem; man fand sie so oft auf den Britischen Inseln, daß man dies kaum mit Verschleppung durch Schiffe erklären kann. Wahrscheinlich wurden sie mit vorherrschenden Westwinden in einem wandernden Zyklon verfrachtet; sie müssen dann beim Überqueren des Atlantischen Ozeans mehrere Tage überlebt haben.

Der Monarch ist an Schwalbenwurzgewächse gebunden; nur auf ihnen werden die Eier abgelegt und leben die Raupen. Diese Pflanzen, deren es in Nordamerika mehrere Arten gibt, werden von den Amerikanern „milkweed" genannt; ihr wissenschaftlicher Name ist *Asclepias*. Der Monarch ist in den Vereinigten Staaten weit verbreitet, aber er vermehrt sich besonders in zwei Gebieten. Das eine ist der Nordosten, besonders der Bereich um die großen Seen und die angrenzenden Teile Kanadas. Das andere liegt in gewissen Talzügen Kaliforniens, in den Tälern von Saltina und San Joaquin; er ist hier jedoch nicht näher untersucht worden.

In den östlichen Staaten beginnen sich die Monarche im Frühling zu zeigen, mit dem Heranwachsen der Wirtspflanzen nach und nach weiter nordwärts. In den südlichsten Bereichen findet die Eiablage bereits im März und April statt, im Laufe des Sommers folgen dann drei bis vier Generationen aufeinander; in den nördlichsten sieht man die ersten Falter im Mai oder Juni, hier gibt es weiterhin nur eine oder zwei Generationen. Auch wenn die großen starken Tiere tüchtig herumfliegen, kann man bei diesen Sommergenerationen keine Wanderungen beobachten.

Aber die im August oder später schlüpfenden Falter machen einen sehr auffälligen Wanderflug, der vielen Menschen bekannt ist. Die Art des Wanderns ist jedoch ganz anders als bei *Ascia*: statt in dichten Zügen fliegen die Monarche parallel zueinander in breiter Front, immer in südlicher Richtung, meistens nach Südwesten, aber zuweilen genau nach Süden oder sogar nach Südosten. Ich habe auf dem Weg von Washington nach Cicinnati stundenlang Monarche beobachtet, die in Abständen von wenigen Minuten den Weg kreuzten. Längs der Küste des Mexikanischen Golfes von Alabama bis Texas findet man kleine Kolonien von Monarchen, die ganz oder teilweise aus zugewanderten Individuen bestehen, und die hier bleiben. Möglicherweise fliegt ein größerer Teil über See nach Mexiko weiter; aber darüber ist fast nichts bekannt.

In Kalifornien, wo man sehr wenig über das Verhalten der Monarche im Sommer weiß, ist jedenfalls ein Teil der Wanderungen sehr kurz und endet an der Küste des Stillen Ozeans. In dem kleinen Küstenort Pacific Grove, etwa 100 km südlich von San Franzisco, sammelt sich jeden Herbst eine große Anzahl Monarche; wenn sie eintreffen gibt es Festlichkeiten: die Schulkinder bekommen frei, es herrscht allgemeine Freude; man schützt die Falter durch eine besondere Verordnung, die von den Gemeinderäten 1938 erlassen wurde; denn die Touristen wallfahrten hierher, um die Massen schöner Schmetterlinge zu bestaunen. Der britische Forscher Downes hat diese überwinternden Schmetterlinge untersucht; er fand, daß die Weibchen bei der Ankunft unbegattet sind und unreife Ovarien haben. Während des Winters gibt es Paarungen, besonders im Januar; im Februar sind alle Weibchen begattet, im März sind die Ovarien reif; die Eiablage kann beginnen.

Bis hierher ist die Lebensweise des Monarchen einigermaßen bekannt; aber jetzt kommen wir zu einem umstrittenen Punkt. Es wird behauptet, daß man im nördlichen Teil des Verbreitungsgebietes, wo sich die Monarche im Sommer vermehren, niemals überwinternde Stadien fand, seien es Eier, Raupen, Puppen oder Schmetterlinge. Aus dem oben erwähnten Befund, daß sich die Falter im Frühling zuerst in den südlichen Teilen zeigen, dann mit fortschreitender Jahreszeit immer weiter im Norden, hat man geschlossen, daß die im Süden überwinternden im Frühling nach Norden zurückwandern. Der Befund von Downes in Pacific Grove (Entwicklung zur Geschlechtsreife im Winter) könnte diese Auffassung stützen. Leider hat jedoch niemand diese Frühjahrsrückwanderung gesehen. Und wenn man im Norden bisher keine überwinternde Stadien fand, muß das bei der Größe des Areals nicht heißen, daß es sie nicht gibt. Bestenfalls kann man zunächst sagen, daß Überwinterung im Norden unwahrscheinlich ist.

Die Vorstellung einer Rückwanderung im Frühling wird auch durch folgende Betrachtung nicht erleichtert, geschweige denn bewiesen. Nach dem zur Verfügung stehenden Zahlenmaterial sollten die Monarche auf einer Breite von $33\frac{1}{2}°$ (z. B. Birmingham in Alabama) um den ersten April mit der Vermehrung beginnen, auf $45°$ (Montreal liegt auf $45\frac{1}{2}°$ nördlicher Breite) um den ersten Juni. Für die Strecke von 1265 Kilometern (110 km von Grad zu Grad) hätten sie demnach etwa 61 Tage zur Verfügung. Wenn wir eine Fluggeschwindigkeit (ground speed) von 12—15 Kilometern pro Stunde annehmen (die viel kleinere *Ascia* schafft schon 12 km/h), müßte die Strecke in höchstens etwa 100 Flugstunden zu schaffen sein, bei einer täglichen Flugzeit von 8—10 Stunden in einigen Tagen. Daß die Schmetterlinge das können, zeigen die später zu erwähnenden Markierungsversuche. Der Zeitunterschied von 61 Tagen kann demnach unmöglich der Flugzeit entsprechen, eher schon dem Unterschied im Auftreten der Futterpflanzen.

Markierungsversuche könnten sicher weiterhelfen. Es war der kanadische Monarchenspezialist Urquhart, der großzügig und mit Organisationstalent solche Versuche durchführte. Die Markierungsmethode ist ganz verschieden von unserer in Florida angewandten. Bei zahlreichen gefangenen Faltern wurde am Vorderrand des einen Flügels ein Schildchen angebracht mit den nötigsten Angaben zur individuellen Identifizierung und der Aufforderung, den Flügel mit Angabe des Fundortes und der Zeit an das Museum von Toronto einzusenden. Wesentlich war das Organisieren von über 300 Beobachtern sowie Bekanntmachungen in den Publikationsorganen (Zeitungen, Radio, Fernsehen), um die Mitwirkung der Öffentlichkeit zu sichern.

Es gelang auch, eine bedeutende Zahl von Schmetterlingen wiederzufinden; in seinem Buch von 1960 verzeichnet Dr. Urquhart über 200 Individuen. Das ist ein sehr wertvolles Material. Freilich ist zu bedenken, daß ein Schmetterling vielleicht nur kurze Zeit wandert und dann wochenlang am gleichen Ort bleibt, bis er schließlich entdeckt wird. Zum Beurteilen der Flugzeit sind daher nur die Funde mit der kürzesten Zeit zwischen Markieren und Wiederfangen verwertbar. Verschleppen im Auto oder Abstecher unterwegs werden als Fehlerquellen kaum eine Rolle spielen. Da das Einfangen, Markieren und Transporte eine gewisse Zeit dauern, kann man diese Methode für so kurze Wanderungen wie bei *Ascia* nicht anwenden, wohl aber beim Monarchen, bei dem der Wandertrieb offenbar wochenlang anhält.

Um den Heimflug im Frühjahr zu untersuchen, wurde ein Teil der Wintertiere an der Küste des Stillen Ozeans markiert; ihre Zahl ist leider nicht angegeben. 29 fing man wieder; von ihnen flogen 14 kürzere oder längere Strecken, und zwar vier nach

Norden, einer nach Nordwesten. Drei fand man nach gut einer Woche weniger als 20 Kilometer vom Markierungsort, die restlichen alle durchschnittlich mehr als 200 Kilometer entfernt, aber die meisten erst nach einigen Monaten, obwohl sie die Strecke sicherlich schon in wenigen Tagen hätten durchfliegen können. Dies Material liefert keinen Beweis für einen Wanderflug nach Norden; vielmehr scheinen die Überwinterer lange Zeit umherzustrolchen, ohne eigentliche Wanderungen.

Die über Gebühr betonte Frage der Rückwanderung kann mit den derzeitigen Methoden vielleicht überhaupt nicht gelöst werden. Sie lenkt auch von einigen, wie mir scheint fundamentalen Fragen ab, die man wirklich anpacken kann, z. B.: Warum tritt der Wandertrieb nicht bei den Sommer-, sondern erst bei den Herbsttieren auf? Oder: Welche Faktoren sind dafür verantwortlich, daß der Wanderkurs stets nach Süden führt?

Zunächst die letzte Frage: eine bündige Erklärung gibt es vorerst nicht. Die Ähnlichkeit mit den Wanderungen der Zugvögel ist groß; aber auch bei ihnen ist die Frage der Richtung ungelöst. Sicher handelt es sich dabei um eine Lichtkompaßorientierung mit Kompensation für die Zeit; das mag auch für den Monarch gelten. Aber das ist eine Frage des Kurshaltens; wie der Kurs ursprünglich bestimmt wurde, wissen wir nicht. Man hat daran gedacht, die Flugrichtungen seien durch die vorherrschenden Windrichtungen bestimmt, aber sichere Anhaltspunkte dafür gibt es nicht; der Wanderweg ist allzusehr fixiert. Alles deutet daraufhin, daß die Orientierung während des Fluges die gleiche ist, wie bei den *Ascia*-Flügen in das Landesinnere, nur mit dem Unterschied, daß die Richtung zu Beginn nicht von mehr oder weniger zufälligen Richtungsmarken bestimmt wird, sondern von einem ganz unbekannten Mechanismus.

Über das tägliche Leben der verschiedenen Generationen und damit über das Entstehen des Wandertriebes läßt sich vorerst wenig sagen; darüber etwas zu erfahren, ist bei dem verstreut lebenden Monarchen schwieriger als für *Ascia* mit ihren dichtbevölkerten Kolonien. Es fehlt an Beobachtungen darüber, ob die Zahl während des Sommers steigt, ob das Schlüpfen der Falter synchronisiert ist und ob es dadurch zu Massenausbrüchen kommt. Nach einzelnen Beschreibungen scheinen die auswandernden

Individuen die Tendenz zu haben, sich zu sammeln; wenn das zutrifft, könnte, wie vermutlich bei *Ascia*, der Wandertrieb durch das Beisammen vieler Individuen ausgelöst werden. Aber das Problem ist dann ja nur verschoben: Was treibt die Tiere der Herbstgeneration zum Sichsammeln? Das bekannte Wandern des Monarchen in breiter Front spricht überhaupt gegen solche Ansammlungen.

Wichtig für die Klärung des Problems können die Markierungsversuche von Urquhart in den östlichen Verbreitungsgebieten sein, besonders im Bereich seines Standquartiers Toronto. Es zeigte sich, daß schon im Juli recht ausgedehnte Wanderungen stattfinden, zunächst jedoch ohne starke Bevorzugung südlicher Richtungen. Auf jede der acht angegebenen Kompaßrichtungen sollten demnach 12½% der Wanderer fallen, auf die drei südlichen (SE, S, SW) zusammen 37½%. Im Juli flogen jedoch 59% in die drei südlichen Richtungen, im August 84% und im September 82%. Die Neigung, nach Süden zu fliegen, scheint also im Juli zu beginnen und ist im August bereits voll entwickelt.

Es gibt aber einen bedeutenden Unterschied zwischen August und September: im August findet man weniger als die Hälfte der Falter mehr als einen Kilometer vom Markierungsort entfernt wieder, im September dagegen 86%. Der richtungsbestimmende Faktor ist demnach unabhängig vom Wandertrieb; er ist schon bei den Tieren wirksam, die noch gar nicht richtig wandern, deren Wandertrieb erst später geweckt wird. Offenbar treten im August und September Bedingungen auf, die diese Faktoren bestimmen. Die abnehmende Tageslänge könnte von Bedeutung sein; sie spielt bekanntlich für das Verhalten mancher Tiere eine Rolle. Dazu paßt, daß die Wanderungen in den nördlichen Bereichen, wo die Tageslängen schneller abnehmen, früher beginnen als in den südlichen. Vorerst handelt es sich jedoch nur um Vermutungen. Auch die Temperatur nimmt schneller gegen Norden als gegen Süden ab; andere Faktoren könnten ebenfalls im Spiel sein. Dies sind Probleme, die man mit einiger Aussicht auf Erfolg untersuchen kann; die Frage des Rückfluges im Frühjahr sollte man vorerst zurückstellen.

Überdenken wir, wie die Dinge beim Monarchen liegen. Der Wandertrieb tritt nur bei bestimmten Generationen auf, bleibt aber bei den Wanderern lange Zeit erhalten. Das hängt vielleicht

damit zusammen, daß bei dieser Generation die Geschlechts-
reifung ebenfalls lange dauert. Die Wanderungen aber sind nach
Himmelsrichtungen orientiert; vermutlich deshalb gehen sie nicht
in dichten Zügen, sondern in breiter Front vor sich. Das Rück-
wandern überwinternder Tiere im Frühling ist nicht ganz auszu-
schließen, ist aber nicht wahrscheinlich. Wenn es geschieht, handelt
es sich schwerlich um einen richtigen Wanderflug, sondern um
ein mehr oder weniger ausgedehntes Vagabundieren, das die Falter
wohl allmählich zu andern Vermehrungsplätzen führen könnte.

Die Bogong-Eule

Es wäre verlockend, mehr über die zahlreichen anderen Wanderfalter zu erzählen. Bei einigen erinnern die Wanderungen vielleicht an die des Monarchen, z. B. bei dem nordwärts gerichteten Flug des Distelfalters. Andere, vielleicht viele, mögen nach Art von *Ascia* wandern; das gilt wahrscheinlich für den Kohlweißling. Aber die zahlreichen beiläufigen Beobachtungen geben für eine Analyse vorerst zu wenig her; systematische Untersuchungen sind unbedingt nötig.

Einen Fall, den der sogenannten Bogong-Eule, möchte ich dennoch erwähnen; der australische Forscher J. F. B. Common hat sich damit beschäftigt. Es handelt sich um einen Nachtfalter aus der Familie der Eulen (Noctuidae). Er lebt in Australien; die Raupen treten in großer Zahl auf den Weideflächen von Neusüdwales, der südlichsten Ecke des Kontinentes auf. Das Gebiet ist bergig. Während des Winters jedoch halten sich die Eulen auf den Weiden des Tieflandes auf. Die Raupen leben unterirdisch, befressen hier vor allem die Wurzeln von zweikeimblättrigen Pflanzen; (andere Eulenraupen befressen vor allem die Wurzeln von Gräsern und richten dadurch zuweilen Schaden an). Die Falter schlüpfen im Frühling; sie wandern dann hinauf in die Berge und sammeln sich dort in Mengen in „camps" („Lagern"). In den niederen Bergen bleiben diese Lager nur vorübergehend; nach und nach aber sammeln sich die Tiere auf den Gipfeln der Berge in sehr großen Lagern an geschützten Stellen (Klippenspalten und dergleichen), besonders dort, wo es große Granitblöcke gibt.

Hier verbringen sie den Sommer, ohne zu fressen. Aber sie sind keineswegs inaktiv; morgens und abends kommen viele von ihnen heraus und fliegen in schwarmähnlichem Flug umher, sowohl Männchen wie Weibchen; aber sie paaren sich erst nach dem

Verlassen dieser Sommerlager. Das geschieht im Herbst; man vermutet, daß sie dann zu den Grünflächen des Tieflandes zurückwandern. Es gibt zwar direkte Beobachtungen über die Frühjahrswanderungen hinauf in die Berge; doch hat man nie gesehen, wie sie zurückkehren, weiß jedoch, daß sie das Lager in einer Art Wanderflug verlassen.

Die frisch geschlüpften Bogong-Eulen haben eine enorme Fettreserve, wenn die Frühjahrswanderung in die Berge beginnt; von ihr zehren sie im Sommer. Die eingeborenen Australier wußten gut über diese Eulen Bescheid; wenn sich die Falter in den Sommerlagern versammelt hatten, gab es große Feste, bei denen man sich an den fetten Faltern labte.

Vieles in der eigenartigen Lebensweise dieser Tiere bedarf noch der Klärung. Sicher ist, daß sich ihre Wanderungen sowohl von denen der *Ascia* wie von denen des Monarchen unterscheiden, auch wenn sie mit dem Letzteren die Bindung an bestimmte Jahreszeiten gemeinsam haben.

Die Wanderheuschrecke

„Blaset mit der Posaune zu Zion, rufet auf meinem heiligen Berge; erzittert alle Einwohner im Lande! denn der Tag des Herrn kommt und ist nahe: ein finsterer Tag, ein dunkler Tag, ein wolkiger Tag, ein nebliger Tag; gleichwie sich die Morgenröte ausbreitet über die Berge, kommt ein großes und mächtiges Volk, desgleichen vormals nicht gewesen ist, und hinfort nicht sein wird zu ewigen Zeiten für und für. Vor ihm her geht ein verzehrend Feuer, und nach ihm eine brennende Flamme. Das Land ist vor ihm wie ein Lustgarten, aber nach ihm wie eine wüste Einöde, und niemand wird ihm entgehen.“

„Sie sind gestaltet wie Rosse, und rennen wie die Reiter. Sie sprengen daher oben auf den Bergen, wie Wagen rasseln, und wie eine Flamme lodert im Stroh, wie ein mächtiges Volk, das zum Streit gerüstet ist. Die Völker werden sich vor ihm entsetzen, aller Angesichter werden bleich.“

„Sie werden laufen wie die Riesen, und die Mauern ersteigen wie die Krieger; ein jeglicher wird stracks daherziehen, und nicht säumen. Keiner wird den anderen beirren; sondern ein jeglicher wird in seiner Ordnung daherfahren, und sie werden durch die Waffen brechen und nicht verwundet werden. Sie werden in der Stadt umherrennen, auf der Mauer laufen, und in die Häuser steigen, und wie ein Dieb durch die Fenster hineinkommen.“

„Vor ihnen erzittert das Land und bebt der Himmel; Sonne und Mond werden finster, und die Sterne verhalten ihren Schein.“

Das Volk, das der Prophet Joel mit diesen Worten so eindrucksvoll beschreibt, sind die Heuschrecken. Er warnt seine Landsleute: nur Frömmigkeit kann verhindern, daß der Herr das strafende Heer der wandernden Heuschrecken aussendet. Man fragt sich: hat der Prophet mit seiner großartigen Schilderung nicht doch übertrieben? In der Tat nicht, oder doch nicht viel; denn er

und seine Zuhörer wußten sehr genau, um was es sich handelt.
Aber um einen nüchternen Leser zu überzeugen, will ich doch
einige andere Schilderungen erwähnen, — es gibt deren genug —,
aus denen so deutlich wie möglich die überwältigende Macht der
Zerstörung durch die Schwärme wandernder Heuschrecken her-
vorgeht. So kam eines Morgens ein Schwarm über die Ebene von
Sebdou im nördlichen Algerien. Das ist ein Tal von 25 Kilometern
Länge und von 10—20 Kilometern Breite. Im Verlauf von vier
Stunden war jede Spur der Pflanzenwelt verschwunden, und die
Erde war von einer zolldicken Schicht von Exkrementen bedeckt.

Die Schwärme der Heuschrecken pflegt man nicht nach der
Zahl der Individuen zu messen, sondern nach der Größe des von
ihnen bedeckten Areals. Ist dies Gebiet kleiner als 1000 Hektar
(etwa die Größe des alten Kopenhagen innerhalb der Wälle), so
spricht man von Kleinschwärmen. Großschwärme sind bis zu
hundert Mal größer und könnten die ganze Insel Bornholm bedecken. Die Schwärme können so dicht sein, daß sie die Sonne
verdunkeln, und es wird so finster, daß man mitten am Tage einen
Mann auf ein paar hundert Meter Abstand nicht sehen kann. Das
brausende Getöse eines vorbeifliegenden Schwarmes wird mit dem
Rauschen eine Wasserfalles verglichen. Landen sie auf einem
Baum, können die Zweige unter ihrem Gewicht abbrechen. Beim
Verzehren der Pflanzen soll das Kaugeräusch dem Knistern eines
Feuers gleichen, und die Zerstörung kann in der Tat so vollständig sein, als ob alles abgebrannt wäre. Der alte Prophet wußte
schon, wovon er sprach; wie weithin in Nordafrika und im Nahen
Osten war sein Land eine wüstenartige Steppe; Pflanzen können
reichlich nur an Stellen mit Wasser wachsen. Ein üppiger Garten
grünt; Bustan nennen ihn die Araber. Man versteht erst, was in
dem Begriff Garten, Edens Garten, liegt, wenn man meilenweit
über die steinige, unfruchtbare Hammada fährt, zu einem Ort, wo
einige Palmenwipfel über eine Lehmmauer emporragen. Die
Pforte öffnet sich, und man steht in einem Garten mit vielen grünen Pflanzen, mit Kräutern und duftenden Blumen, üppig und
kühl. So begreift man auch den tiefen Ernst in Joels Drohung über
das Heuschreckenvolk: Vor ihm ein Garten wie das Paradies, hinter ihm die öde Wüste. Schrecklich muß es sein, den Garten zerstört zu sehen und zu wissen, daß die Hungersnot vor der Tür

steht. Am schlimmsten aber wohl sind der Gestank des durch die Verunreinigung verdorbenen Wassers und die nachfolgenden Krankheitsepidemien.

Wanderheuschrecken sind fast über die ganze Welt verbreitet. Ganz Afrika, Südeuropa, der Nahe Osten bis tief nach Zentralasien hinein, Indien und China, Indonesien und Australien, große Teile von Süd- und Nordamerika werden von ihnen heimgesucht. Sie fehlen nur an der südlichsten Spitze von Südamerika, in den nördlichen Teilen von Kanada, Europa und Asien.

Ihre ökonomische Bedeutung ist jedoch in den verschiedenen Bereichen sehr unterschiedlich. In Argentinien gibt es jedes Jahr Schwärme; andernorts treten sie nur in Abständen von Jahren auf. In USA waren in der Mitte des vorigen Jahrhunderts die Plagen groß, blieben jedoch in den letzten 100 Jahren aus; die hier heimische Art scheint ausgestorben zu sein.

Es gibt Hunderte von Heuschreckenarten, aber als eigentliche Wanderformen betrachtet man nur sechs (außer der ausgestorbenen nordamerikanischen „Rocky Mountain Locust"). Die, mit denen Joel seinen Landsleuten drohte, die die Ägypter heimsuchten und die in Ägypten wie in Babylon auch bildlich dargestellt sind, nennt man Wüstenheuschrecken (*Schistocerca gregaria*); sie bewohnen in einem breiten Gürtel Nordafrika, dringen an der Ostküste bis zu den großen Seen vor und im Nahen Osten bis Westpakistan. Eine noch größere Verbreitung hat die sog. Wanderheuschrecke (*Locusta migratoria*), von der vereinzelte Exemplare von Dänemark und Mittelschweden bis zum Kap der Guten Hoffnung, von England bis Hawaii und von Korea bis Neuseeland gefunden wurden; ständig tritt sie besonders in zentralen Teilen Afrikas, im südlichen Rußland und in Ostasien, in Indonesien und in Nordaustralien auf. Eine andere Heuschrecke nennt man die marokkanische (*Dociostaurus maroccanus*); aber sie hat ihre Hauptverbreitung in Südeuropa und Kleinasien, dringt tief bis Zentralasien vor; es gibt sie auch in Marokko, aber sie ist dort nicht so häufig wie die Wüstenheuschrecke. Südlich vom Äquator treten, neben *Locusta migratoria* noch zwei weitere Arten auf, die rote bzw. braune Heuschrecke (*Nomadacris septemfasciata* bzw. *Locustana pardalina*). Und schließlich spielt eine in Südamerika heimische Art (*Schistocerca cancellata*) eine bedeutende Rolle.

Wenn man die alten Beschreibungen von Heuschreckenüberfällen liest, ist man erstaunt und erschüttert über die Hilflosigkeit und Verzweiflung der Menschen; es war eine Naturkatastrophe, wie ein Orkan, gegen den man sich nicht wehren kann. Man griff zu panikartigen Maßregeln, ließ Gruben ausheben, über die die Tiere dann doch hinwegflogen, zündete die Felder an, spritzte mit Weihwasser oder schlug eine Bannbulle gegen den Feind an: ohne Erfolg. Und es nützte freilich auch nichts, die Geistlichen über die bedrohten Felder zu jagen, wie es in manchen Orten in Rußland vorgekommen sein soll. Aus religiösen Motiven gab es sogar zuweilen Widerstand gegen die Bekämpfung: wenn die Heuschreckeninvasionen eine Strafe für Gottlosigkeit sind, soll man eher versuchen, sich zu bessern; das war Joels Gesichtspunkt.

Sogar heute noch kommt es vor, daß man die Heuschrecken eher begrüßt als bekämpft. Der in Rußland geborene englische Forscher Popov beobachtete die Wanderheuschrecken unter anderem auch in Arabien; er erzählte mir, daß er dort bei den Beduinen einen gewissen Unwillen erregte; man verdächtigte ihn, die Tiere ausrotten zu wollen, die doch eine begehrte Zubuße zu der kargen Kost darstellen. Es heißt auch: Gott hat die Heuschrecken gleich nach dem Menschen aus ein wenig übriggebliebenem Lehm geschaffen; deshalb wird der Mensch gleich nach den Heuschrecken vergehen.

Mit der Zeit ging man zu rationelleren Methoden im Kampf gegen die oft katastrophale Plage über. Man sammelte z.B. die Eikapseln ein, bei manchen Gelegenheiten tonnenweise; aber auch das wirkte sich nicht sonderlich aus. Der Wendepunkt auf dem Wege zur erfolgreichen Bekämpfung ergab sich aus einem scheinbar ganz unbedeutenden Ereignis. Der junge russische Zoologe B. P. Uvarov interessierte sich vor dem ersten Weltkrieg für ein Problem, über das manche Leute nur mitleidvoll den Kopf schüttelten. Ich kann nicht umhin, ein Stück aus seinem Vortrag zu übersetzen, als er sich unter großen Ehrungen als Präsident der königlichen entomologischen Gesellschaft in London im Jahre 1961 zurückzog.

„Vor fünfzig Jahren kam ich erstmals mit einem Problem in Berührung, das mir für einen Zoologen durch ein kurzes Studium leicht zu lösen schien. Da ich zu diesem Zeitpunkt einen Teil mehrerer Jahre dazu verwendet hatte, um den Bau und die Verwandtschaft der Geradflügler zu studieren, hegte ich nicht den geringsten Zweifel, daß ich das kleine Problem leicht lösen könnte. Die Sache war die, daß es zwei Arten der Wanderheuschrecken gab, *Locusta migratoria* und *Locusta danica*. Sie sind im Bau, in der Färbung und auch in der Lebensweise sehr verschieden, da die erste in Schwärmen lebt, während die zweite einzeln vorkommt. Jedoch gibt es eine Menge Zwischenformen, was bedeutet, daß man sie nicht mit Sicherheit voneinander unterscheiden kann, und ich dachte, daß dies natürlich nur deshalb so war, weil andere Zoologen nicht kritisch genug waren, die Eigenschaften, in denen sie sich voneinander unterschieden, herauszufinden."

Jedoch kam es gerade umgekehrt: je mehr Tiere er untersuchte, desto weniger die beiden Arten wirklich unterscheidende Merkmale ließen sich finden. Die Lösung des Problems brachte die Kontrolle der Tiere in freier Natur. Sie hausen als große Kolonien in den riesigen Schilfwäldern an den Flußmündungen des Schwarzen und des Kaspischen Meeres und des Aralsees, in einigen als reine Formen, in anderen als Übergangsformen. 1912 untersuchte Uvarov einen reinen Bestand von *Locusta migratoria*, die in ein Gebiet nördlich des Kaukasus beim Terek-Fluß eingedrungen war. Im nächsten Frühjahr wuchs aus den abgelegten Eiern eine neue Generation heran, die aus einigen *migratoria*, einer großen Zahl von Zwischenformen und einzelnen reinen *danica* bestand. Kurze Zeit später fand Uvarovs Kollege Plotnikov in Zentralasien, daß es auch das Entgegengesetzte gibt: Die Nachkommen einer *danica*-Kolonie wurden zu Übergangsformen und zu reinen *migratoria*-Individuen. Schließlich stellte Faure in Südafrika ganz ähnliche Übergänge zwischen zwei Formen der braunen Wanderheuschrecke fest. Auf Grund dieser Beobachtungen stellte Uvarov dann seine „Phasentheorie" auf: Die in Massen wandernden Heuschrecken sind nur die Schwarmphase einer Art, die unter anderen Bedingungen auch als solitäre, also einzellebende Phase auftritt. Uvarov fährt in seinem Vortrag fort:

„Diese historische Einleitung zeigt nur, wie ein falscher Anfang zu einem guten Ergebnis führen kann; und wie auch die gleiche Idee scheinbar in der Luft hängen kann; und wie beinahe gleichzeitig und jedenfalls ziemlich unabhängig voneinander drei

Forschern auf gleichviel Kontinenten plötzlich derselbe Gedanke kommen kann. Zwei von ihnen waren so vorsichtig, wie man sein sollte; aber der dritte war frech genug, eine Arbeitshypothese aufzustellen. Für diese Theorie gab es tatsächlich sehr wenige Anhaltspunkte, und einiges daran war das Resultat unreifen Denkens; aber es erwies sich als eine Aufmunterung zu fortgesetzter Arbeit, und sowohl Anhänger wie Gegner trugen zu einer besseren Einsicht in das Problem bei.“

Diese bescheidenen Worte beinhalten in Wirklichkeit einen der größten Fortschritte biologischen Wissens dieses Jahrhunderts, wissenschaftlich wie technisch, dies im Hinblick auf die Bekämpfung. Nach der Revolution ging Uvarov nach London; er baute dort das Anti-Locust Research Centre auf, Ausgangspunkt und Organisationszentrum für die Arbeit mit Heuschrecken, ein in seiner Art einmaliges Institut für biologische Forschung.

Die Wanderheuschrecken legen, wie die meisten anderen Heuschrecken, ihre Eier in den Boden. Am Hinterleibsende des Weibchens sind zwei Klappenpaare, ein dorsales und ein ventrales, die, wenn sie geschlossen sind, einen Keil bilden. Diesen stemmt das Weibchen in die Erde, die Klappenpaare spreitzen sich auseinander und drücken die lockere Erde beiseite. Das wiederholt sich oft; es entsteht ein Loch, in das der Hinterleib tiefer und tiefer eindringt. Die Wanderheuschrecken sind Insekten von beachtlicher Größe, etwa von der Länge eines Zündholzes. Da der Hinterleib durch Hineinpumpen von Luft bis zum Dreifachen der normalen Länge gestreckt werden kann, erreicht das Loch acht bis zehn Zentimeter Tiefe. Am Boden des Loches wird durch besondere Drüsen ein schnell trocknendes klebriges Sekret abgesondert; es bildet die sackartige Eikapsel, in die säuberlich geschichtet und miteinander verklebt die Eier abgelegt werden, bei den großen Arten ungefähr hundert Stück. Schließlich wird die Kapsel mit einem Pfropfen schaumigen Sekrets verschlossen. Der ganze Vorgang dauert etwa eine Stunde.

Die Zeit bis zum Ausschlüpfen der Larven hängt von der Heuschreckenart und von der Temperatur ab. Die Arten, die — wie unsere heimischen Feldheuschrecken — als Eier überwintern, machen währenddessen ein Ruhestadium durch, in dem die Entwicklung stehen bleibt. Sie geht erst weiter, nachdem das Ei bestimmten Einwirkungen ausgesetzt war. Solche Phasen gehemmter Entwicklung sind bei vielen Insekten bekannt, besonders im Ei- oder Puppenstadium; man weiß im allgemeinen nur wenig über die hierbei ablaufenden Vorgänge. Eine Ausnahme bilden die Eier einer amerikanischen Heuschrecke, die der Amerikaner Bodine sehr sorgfältig untersucht hat.

Die Embryonalentwicklung wird durch eine Kette von Enzymen gesteuert. Bleibt die Entwicklung auf einem bestimmten Stadium stehen, so deshalb, weil das Enzym, das die nächste Entwicklungsstufe steuern soll, noch nicht fertig ist, sondern erst als Proenzym vorliegt. Zum Umwandeln in das Enzym bedarf es einer aktivierenden Substanz A; diese wird jetzt zwar gebildet, aber sogleich von einer weiteren, entgegenwirkenden Substanz B wieder zerstört. Die Substanz B verträgt jedoch keine niederen Temperaturen und geht daher im Laufe des Winters zugrunde. Wenn es dann wärmer wird und die Entwicklung beginnen könnte, steht nichts mehr im Wege, daß der Stoff A wirksam wird und das Proenzym in das Enzym verwandelt; die Entwicklung nimmt ihren Fortgang, die Hemmung ist beseitigt.

Man hat schon auf der Schule gelernt (oder sollte es gelernt haben), daß Insekten nach dem Schlüpfen aus dem Ei sich in verschiedener Weise weiterentwickeln können. Es gibt solche mit sog. „vollkommener Verwandlung": die Larven sind gestaltlich sehr verschieden vom vollentwickelten Insekt, der Imago; ferner ist zwischen das letzte Larvenstadium und die Imago das Puppenstadium eingeschoben, in welchem sich die notwendigen Umwandlungen abspielen. Die Schmetterlinge z. B. und die Käfer gehören in diese Gruppe. Andere Insekten haben eine sog. „unvollkommene Verwandlung": bei ihnen sind die Larven weitgehend der Imago ähnlich, jedoch fehlen vollentwickelte Flügel und die Geschlechtseigenschaften. Hierher gehören die Heuschrecken (neben vielen anderen Insekten). Indessen: das, was aus dem Ei einer Feldheuschrecke schlüpft, sieht gar nicht wie eine Miniaturheuschrecke aus, sondern eher wie ein Wurm. Der Kopf ist an den Körper gedrückt, und beide stecken in einer geschlossenen feinen Hülle, ähnlich einem Strampelanzug. Die Beine sind da; aber sie sind wie „angewachsen", so, als ob die „Ärmel" an den Anzug angenäht und in die Tasche gesteckt wären. Diese Larve bewegt sich auch wie ein Wurm, während sie sich durch die Erde zur Oberfläche arbeitet; eine pulsierende Blase vorn am Kopf ist dabei behilflich. Wie immer die wurmförmigen Larven beim Schlüpfen aus dem Ei kriechen, sie werden sich stets entgegen der Schwerkraft bewegen und alsbald die Oberfläche erreichen. Dort angekommen, kriechen sie aus dem „Strampelanzug" und haben nun wirklich die Gestalt einer Heuschrecke en miniature. Man pflegt jedoch das wurmförmige Stadium nicht mitzuzählen, wenn man angibt, in welchem Larvenstadium sich eine Heuschrecke befindet. Man sagt, es sind fünf Stadien bis zum flugfähigen Insekt; tatsächlich sind es einschließlich Wurmlarve sechs.

In den späteren Larvenstadien kann man kleine Anlagen für die Flügel sehen; aber die Larven können damit nicht fliegen. Auf englisch nannte man sie daher „hoppers" (Hüpfer), nach der Hauptform der Ortsbewegung; der Name ist so treffend, daß wir ihn beibehalten wollen. Die Hüpfer machen schließlich die letzte Häutung durch; dann haben die Tiere die endgültige Größe erreicht, entwickeln auch die Flügel ganz und sind flugfähig. Aber die Geschlechtsorgane sind noch bei weitem nicht reif; es kann noch eine lange Zeit vergehen, bis sie sich paaren und Eier legen. Während der Larvenzeit war ein großer Fettkörper entstanden; er entwickelt sich noch weiter in der Periode vor der Geschlechtsreife. Die Weibchen nützen ihn bei der Bildung der Eier. Bei etlichen Arten tritt zur Zeit der Geschlechtsreife eine andere Färbung auf. Zudem gibt es einen Zusammenhang zwischen physiologischer Entwicklung und Wandertrieb; aber die Dinge liegen bei verschiedenen Arten verschieden und sind noch lange nicht so bekannt, daß man allgemeine Regeln aufstellen könnte.

Uvarov hat nachgewiesen, daß die Schwärme der Wanderheuschrecken, die die großen Verheerungen anrichten, nur eine bestimmte Phase der ansonsten solitär lebenden Art sind. Im Englischen hat man zwei Wörter für Heuschrecke: grasshopper und locust; dabei ist locust seit Uvarov die Sammelbezeichnung für die schwarmbildende Phase der treffenden Arten. Man könnte ruhig auch im Deutschen hierfür die Bezeichnung „Locusten" gebrauchen. Die Phasen unterscheiden sich freilich mehr in der Lebensweise als in Körperform und Färbung voneinander. Aber es geht nicht gut an, die Locusten als „Wanderphase" zu bezeichnen; denn den Wandertrieb gibt es auch bei der solitären Phase. Man hat die letztere oft weit weg von den Vermehrungszentren gefunden, gelegentlich oft weiter weg als die Schwarmform. Der Name *danicus*, die dänische, für die solitäre Form muß ja auffallen, da doch der nächste für die Fortpflanzung noch geeignete Bereich Ungarn ist. Was Linné beschrieb und benannte, war eines der wenigen Exemplare, die man in Dänemark fand; keine von ihnen waren „Locusten".

Welches ist der Unterschied zwischen „Locusten" und „Heuschrecken", also zwischen der schwarmbildenden und der solitär lebenden Phase? und wie entsteht er?

Wenn man von einer Gruppe Hüpfer, die gerade aus der Erde kommen, einige einzeln in einen Käfig sperrt und mit Gras füttert, so sind sie nach dem Heranwachsen fast einfarbig grün. Wenn man aber die restlichen dicht beisammen in einen kleinen Käfig gibt, bekommen sie kräftigere Farben, sind sehr unruhig und haben die Neigung, sich zusammenzuscharen und eines dem anderen zu folgen. Die einzeln aufgezogenen grünen Tiere aber bleiben, auch wenn man später viele zusammensetzt, wenig lebhaft und beeinflussen sich gegenseitig kaum. Die wesentlichen Unterschiede zwischen den beiden Phasen liegen also — außer in einigen geringen Merkmalen der Körperform — in der Färbung und sozusagen im Temperament. Man kann im Versuch jede Phase machen, je nach dem, wie man die Hüpfer aufwachsen läßt, einzeln oder im Gedränge. Freilich, wie sich gerade durch dies Gedränge die typischen Eigenschaften der Schwarmphase herausbilden, weiß man nicht, auch nicht, ob sich dasselbe noch durch andere Faktoren erreichen läßt. In der freien Natur scheint ebenfalls die Dichte der Hüpfer auf engem Raum die Phase der Erwachsenen zu bestimmen.

Wir heben die Hauptunterschiede kurz hervor: Das Ei der Schwarmphase („Locusten") macht eine Ruhepause durch; die Hüpfer sind rot, orange oder gelb mit kräftiger schwarzer Zeichnung; sie haben eine starke Neigung, (zu Fuß) wandernde Schwärme zu bilden; ebenso die flugfähigen Tiere, die jedoch erst nach einer Wanderung geschlechtsreif werden. Das Ei der einzellebenden Phase („Heuschrecken") dagegen entwickelt sich ohne Ruhepause; die Hüpfer zeigen eine verschiedene, oft weitgehend der Umgebung angeglichene Färbung und neigen nicht zu Schwarmbildung; auch bei Erwachsenen variiert die Färbung, ändert sich jedoch nicht bei der Geschlechtsreife, die sich ohne Wartezeit und ohne vorherige Wanderung vollzieht.

Bereits als ganz kleine Hüpfer haben die „Locusten" die Neigung, sich mit heftigem Bewegungsdrang zu Schwärmen zusammenzuschließen; in diesem Schwarm bewegen sich alle in der gleichen Richtung. Kleinere Schwärme vereinigen sich zu größeren mit zehn- ja hunderttausenden von Individuen, die wie eine Flut, oder besser wie ein Grasbrand über das Land dahinziehen; hinter ihnen bleibt nicht viel Grün zurück. Mit dem Heranwachsen durchwandern sie immer größere Strecken, bis sie schließlich, voll entwickelt, im Schwarmflug weiterziehen.

Einen großartigen Anblick muß das Aufbrechen eines Schwarmes am Morgen bieten. Gleich nach Sonnenaufgang setzen sich die Tiere so, daß sie tüchtig von der Sonne erwärmt werden können, und beginnen zu fressen. Nach ausreichender Erwärmung kommt Flugstimmung auf. Zuerst fliegen nur wenige in Kreisen und Spiralen umher; sie kommen zurück und, als ob das Fliegen ansteckend wirkt, sind es jedesmal mehr, die sich anschließen. Schließlich sind alle in der Luft, man ist sich über die Richtung einig, der Schwarm zieht fort.

Was aber bestimmt die Richtung? darüber ist einiges bekannt. Beginnen wir mit den Hüpfern. Sie wandern mit deutlich ausgebildeter breiter Front, die rechtwinklig zur Bewegungsrichtung verläuft. Bei kleinen Schwärmen (unter 20000 Individuen) ist die Front weniger präzise; beim Überqueren einer offenen Strecke sieht man deutlich, daß die Marschrichtung durch den Wind bestimmt ist. Größere Schwärme aber marschieren stunden- und tagelang in die gleiche Richtung. Ein Sonnenkompaß wie bei den Schmetterlingen ist nicht im Spiel; richtungsbestimmend ist vielmehr die Struktur des Schwarmes. Joel schrieb: „ein jeglicher wird stracks vor sich dahinziehen und nicht säumen. Keiner wird den andern beirren, sondern ein jeglicher wird in seiner Ordnung daherfahren ...". Wenn ein Individuum in einer breiten, zahlenstarken Front versucht, zur Seite zu drehen, wird es dem Nebenmann in den Weg kommen und dadurch in den alten Kurs zurückgezwungen; so hält der ganze Schwarm die gleiche Richtung. Dergleichen nennt man heute Stabilisierung durch die Trägheit des Schwarmes; dieser Ausdruck gibt jedoch, meine ich, auch nicht viel mehr Klarheit als Joels Beschreibung.

Bei den fliegenden Schwärmen sind es die jeweiligen Verhältnisse, die die Richtung bestimmen; z. B. der Wind. Auffliegen und Landen erfolgt bei schwachem Wind gegen die, bei starkem in der Windrichtung.

Der Wind bestimmt aber auch das Flugbild eines Schwarmes. Wenn nach Regen oder bei trübem Wetter der Wind waagerecht weht, fliegen die Tiere niedrig über dem Boden, höchstens fünf bis zehn Meter hoch; sie halten sich dicht zusammen, ein bis zehn/ pro Kubikmeter. Ein normales Wohnzimmer (4 mal 5 mal 3 m) faßt etwa 60 Kubikmeter, würde also 60 bis 600 Individuen aufnehmen. Über einem Areal von einem Hektar (100 mal 100 m) werden sich in einer 5 m dicken Heuschreckenschicht ständig etwa 500 000 Individuen befinden. Bei einer Fluggeschwindigkeit von 15 Kilometer pro Stunde und einer leichten Brise (4 m/sec) werden jede Minute etwa $2\,{}^{1}/_{2}$ Millionen Heuschrecken dies Areal überfliegen.

Wenn die Sonne scheint, erwärmt sich die Erdoberfläche, dadurch auch die Luft dicht darüber; diese wird leichter und steigt unter Wirbelbildung (Turbulenz) empor (Flimmern der bodennahen Luft an einem heißen Tag).

In größeren Höhen kühlt sie sich ab und in einer bestimmten Höhe wird sie gesättigt mit Feuchtigkeit; es bilden sich die bekannten rundlichen weißen Kumuluswolken. Diese haben eine weitgehend flache Unterseite (Zone der Wasserdampfkondensation) und eine blumenkohlartig gewölbte Oberseite, welche die aufsteigenden Luftströme wiederspiegelt. Mensch und Tier (z. B. Storch, Bussard) nutzen als Segelflieger diese Schläuche aufsteigender Luft.

Auch die Heuschrecken folgen solchen Luftströmungen. Schon in einer Höhe von 30 Metern können sie sich wie Gleitflieger vom Auftrieb tragen lassen; bei einer Luftgeschwindigkeit von fünf bis sechs Metern pro Sekunde bräuchten sie nicht einmal die Flügel auszubreiten, um Höhe zu gewinnen. Bei sonnigem Wetter werden die Schwärme in der aufsteigenden Luft u. U. mehrere tausend Meter hochgewirbelt, einer Kumuluswolke gleich; man bezeichnet sie geradezu als kumuliform, die in einer Schicht dicht über dem Boden fliegenden im Gegensatz dazu als stratiform. Durch die Luftwirbel wird der Schwarm natürlich stark zerstreut; er ist noch als einigermaßen dicht zu bezeichnen bei einem Tier auf zehn Kubikmeter, kann aber so locker werden, daß auf 1000 Kubikmeter nur ein Tier kommt. Das scheint sehr wenig zu sein, aber bei einem kumuliformen Schwarm in 1000 Metern Höhe werden sich über einem Hektar immer noch etwa 100000 befinden.

Wie die Kumuluswolke treibt auch so ein Heuschreckenschwarm vor dem Winde. Oft aber ziehen die Wolken in einer anderen Richtung, als der Wind am Boden bläst. Weil man nur mit dem Bodenwind rechnete, hieß es nicht selten, daß die Heuschrecken gegen den Wind fliegen. Weitere Verwirrung entstand dadurch, daß die Schwärme dem Beobachter am Boden immer als gerade Linie erscheinen. Durch die Forscher vom Anti-Locust Research Centre sind viele Fragen geklärt worden. Waloff analysierte ein großes Beobachtungsmaterial und Rainey verfolgte tagelang die Schwärme in Ostafrika und untersuchte mit Pilotballons die Windrichtungen in den oberen Luftschichten. So wurde schließlich bewiesen, daß die Schwärme immer der Windrichtung folgen.

Indessen sind die Heuschrecken keineswegs hilflos dem Winde preisgegeben. Sie bestimmen ja selber, wann sie sich von ihm tragen lassen und wann sie landen wollen. Sie kontrollieren ihren Flug auch noch in anderer Weise. Bei einem Schwarm von zehn Kilometern Durchmesser, der vom Winde mit zwölf Kilometern pro Stunde verfrachtet wird, müßte sich das Zentrum nach fünf Stunden 60 Kilometer verlagert haben. Innerhalb des Schwarms aber fliegen die Heuschrecken mit einer Geschwindigkeit von zehn Kilometern pro Stunde; wenn sie dabei eine gewisse Anzahl von Wendungen pro Zeiteinheit machen, läßt sich berechnen, daß sich der Schwarm nach fünf Stunden über ein Areal von 43 Kilometern im Durchmesser ausgebreitet haben müßte. Die Beobachtungen zeigen auch, daß das Zentrum dann dort ist, wo es sein soll; aber das Areal, das der Schwarm bedeckt, ist fast das gleiche geblieben. Das bedeutet, daß der Flug der einzelnen Heuschrecke durchaus nicht dem Zufall überlassen ist, sondern daß die, die am Außenrand sind, ständig zur Mitte streben. Das hat man auch unmittelbar beobachten können.

Die meisten Untersuchungen hat man mit der an trockenen Orten lebenden Wüstenheuschrecke gemacht. Für eine günstige Entwicklung müssen die Eier dort abgelegt werden, wo es regnen kann und die Pflanzen grün werden. Es ist für diese Art von Vorteil, dem Winde zu folgen, der in Richtung eines Bereichs mit tiefem Barometerstand weht; dort wird es wahrscheinlich regnen. In der westlichen Sahara scheint es regelmäßige Wanderungen dieser Art zu geben. Die Heuschrecken halten sich im Winter im südlichen Marokko auf, wo es Winterregen gibt; im Sommer aber leben sie südlich der Wüste; in beiden Fällen sind sie durch die vorherrschenden Windrichtungen begünstigt. Einer der durch die Phasentheorie bedingten Fortschritte liegt darin, daß man an die Heuschreckenwanderungen einen größeren geographischen Maßstab anlegt. Örtlich ist ein Schwarm ein rätselhaftes, katastrophales Geschehen, in größerem Zusammenhang weist er sich als ein ganz natürlicher Vorgang aus.

In der Einzelgängerphase bewohnen die Tiere einen oder mehrere feste Herde und führen hier ein wenig auffallendes Leben, ohne größeren Schaden anzurichten. Zuweilen aber, vermutlich nach einigen für sie besonders günstigen Jahren, vermehren sie sich so stark, daß sich eine größere oder kleinere Zahl in die Schwarmphase umwandelt. Dies kann sich an der gleichen Stelle mehrere Jahre wiederholen. Aber schlimmer ist es, wenn die auswandernden Schwärme bis in einen Bereich kommen, wo ihre Nachkommen wiederum im Gedränge aufwachsen, also auch Schwarmtiere werden. Bei den bedeutenden Strecken, die ein Heuschreckenschwarm bewältigen kann, mag es geschehen, daß ein örtlich begrenzter Massenausbruch sich im Laufe einiger Jahre mit seinen Verheerungen über riesige Gebiete ausbreitet. Am Niger, westlich von Timbuktu, gibt es eine ständige Bevölkerung von Wanderheuschrecken. Seit 1928 entwickelte sich hier eine Serie von Massenvermehrungen, die 15 Jahre anhielt. 1930 erreichten die Schwärme den Atlantischen Ozean im Westen, 1931 den Tschadsee im Osten. 1932 setzten sich die Wanderungen nach Ägypten fort und verbreiteten sich 1933 von hier in südwestlicher Richtung bis zum Atlantischen Ozean in Südwestafrika. 1934 hatten sie fast ganz Afrika südlich der Sahara erobert mit Ausnahme des nordwestlichen Kongo und Südafrikas.

Es ist ziemlich nutzlos, die großen Wanderschwärme zu bekämpfen; sinnvoll wäre eine Bestandsregelung in den Herden mit dem Ziel, daß die Schwarmphase möglichst überhaupt nicht auftritt. Das ist heute in der Tat die Grundlage für die Bekämpfung. Man bestimmt die Lage der Herde, hält sie unter genauer Kontrolle und führt bei jedem Anzeichen einer Massenvermehrung stärkste Bekämpfungsmaßnahmen durch.

Ich hatte erwähnt, daß im vorigen Jahrhundert große Teile der Vereinigten Staaten und Kanadas von Wanderheuschrecken heimgesucht wurden, von einer Art, die jetzt ausgestorben zu sein scheint. Noch während ihrer verwüstenden Tätigkeit kamen die amerikanischen Forscher in groß angelegten Untersuchungen zu der Auffassung, die Heuschrecken müßten aus einem eng begrenzten Gebiet kommen. Man meint jetzt, daß es ein Herd war, wo eine nahe Verwandte einer jetzt noch in großen Teilen Nordamerikas heimischen Art einen Wechsel zur Schwarmphase durchmachte. Das Verschwinden führt man auf das Verderben des Herdes durch Urbarmachung des Landes zurück.

Ich nenne noch eine weitere Folgerung der Phasentheorie; sie ist vielleicht die wichtigste. Früher (vor Uvarov) hielt man den Wandertrieb für einen ominösen, dann am besten verständlichen Instinkt, wenn man nach seinem Nutzen für die Tiere fragte; da der Schwarm alles Pflanzliche auffraß, wanderte er, so schien es, um Futter zu finden. Das aber ist falsch. Die Schwarmphase entsteht ja gerade unter günstigen Bedingungen. Ständige Herde der Wanderheuschrecken sind die unendlichen Rohrwälder an den Flußmündungen des Schwarzen oder Kaspischen Meeres, oder am Niger, oder an solchen Orten, wo es genügend Nahrung sogar für die größten Schwärme gibt. Ein Abwandern wird die Tiere niemals an günstigere Plätze führen, vielmehr im allgemeinen an schlechtere, häufig sogar an solche, die den nachfolgenden Generationen keine Überlebenschance bieten. Uvarovs Theorie regte die Forscher an zu fragen, *was* tun die Tiere, und nicht, *warum* tun sie es, ein weittragender Wandel der Einstellung gegenüber dem Wanderheuschreckenproblem.

Die Blattläuse

Ich liebe die Insekten und möchte gern dazu beitragen, daß auch andere die gleiche Freude an ihnen bekommen. Sie bieten eine unendliche Mannigfaltigkeit in Größe, Gestalt und Lebensweise. Die Wanderheuschrecken gehören zu den größten Wanderformen, die Blattläuse, von denen ich jetzt berichten will, sind die kleinsten. Aber es ist nicht der Gegensatz in der Größe, der mich jetzt zu den Blattläusen führt; der Grund ist vielmehr der, daß es Ähnlichkeiten in der Art des Wanderns gibt. Aber zuvor muß ich ein wenig über die Lebensweise der Blattläuse sagen.

Jeder kennt sie. Der kleine Körper ist tonnenförmig; der Kopf trägt einen Saugrüssel; nur schwach sind die Beine, mit denen sie sich unbeholfen bewegen; manche haben vier gleichartige, durchsichtige und vergleichsweise große Flügel. Der Körper ist oft grün oder schwarzgrau gefärbt; er ist bei vielen Arten mit einem von Hautdrüsen abgesonderten weißen, wachsartigen Stoff bedeckt, in Form von Fäden oder als Puder.

Mit dem Rüssel saugen sie Pflanzensäfte auf; wenn sie aber die feinen Siebröhren der Pflanzen anstechen, genügt der beachtliche Druck in diesen Röhrchen, um sie ohne weiteres Zutun mit Nahrung zu versorgen. In dem Siebröhrensaft ist neben Wasser vor allem Zucker und eine geringe Menge Eiweiß. Die Blattläuse bekommen so viel mehr Wasser und Zucker als sie brauchen können. Einen Teil des Wassers werden sie wohl durch Verdunsten wieder los; aus dem After aber geben sie den Zuckerüberschuß als klebrige, oft im Bogen weggespritzte Lösung, als „Honigtau" ab. Die Tiere sind zwar klein; aber die Honigtaumengen sind doch beachtlich. Nach älteren Angaben produziert eine zwei Millimeter große Blattlaus in der Stunde 48 Tropfen von einem Millimeter Durchmesser, das sind etwa 30 Kubikmillimeter. 50 kleine Tierchen würden demnach in zwölf Stunden ein kleines Schnapsglas

füllen. Oft sitzen Unmengen von Blattläusen auf den Pflanzen. Wie ein feiner Regen kommt an einem sonnigen Tag der Honigtau von einer Wirtshauslinde herab und überzieht Tische und Stühle mit einem süß schmeckenden klebrigen Lack. Ein starker Besatz mit Blattläusen ist auch für die Wirtspflanzen keineswegs bedeutungslos.

Die Folge der Generationen im Laufe eines Jahres ist oft sehr verwickelt; ich schildere einen typischen Ablauf. Es sind meist die Eier, die überwintern. Die aus ihnen schlüpfenden kleinen Blattläuse sind nach vier Häutungen erwachsen. Es sind alles flügellose Weibchen; ohne sich gepaart zu haben, bringen sie lebende Junge zur Welt, drei bis vier Stück pro Tag. Das aus dem überwinterten Ei geschlüpfte Weibchen nennt man Fundatrix, die Gründerin einer Blattlauskolonie. Ihre heranwachsenden Kinder werden auch zu jungferngebärenden flügellosen Formen, den sog. Fundatrigenien; sie sind meist etwas kleiner als die Fundatrix. Da sie sich selten vom Geburtsort entfernen, entstehen dichtbesetzte Blattlauskolonien, zumal Generationen von Fundatrigenien aufeinander folgen; man sieht diese Kolonien im Sommer häufig auf den Pflanzen. In den späteren Generationen treten in wechselnder Zahl neue Formen auf, die geflügelten Migrantes; auch sie bringen ohne Begattung lebende Junge zur Welt.

Jede Blattlausart ist an eine bestimmte primäre Wirtspflanze (Hauptwirt) gebunden, auf der die Eier und die ersten Generationen zu finden sind. Meist ist es ein Baum oder ein Busch. Wie der Name sagt, sind die Migrantes ein Wanderstadium. Die geflügelte Laus verläßt ihren Geburtsort und landet nach dem Fluge auf einer anderen Pflanze. Bei einigen Arten ist es die gleiche Pflanze wie vorher. Aber die meisten Blattläuse haben einen Wirtswechsel; die Migrantes suchen eine ganz andere, gewöhnlich eine krautige Pflanze auf als Zwischenwirt. Hier gebären sie in kurzer Zeit viele Junge; ein Weibchen soll es in einer halben Stunde auf 28 Kinder bringen können. Diese Generation, die sich von der vorhergehenden unterscheidet, nennt man Alienicolae; sie ist lebendgebärend und umfaßt Geflügelte und Ungeflügelte. Gegen den Herbst zu entsteht eine (fast stets) geflügelte Generation, die Sexuparae, die zum Hauptwirt zurückfliegen. Sie bringen Männchen und Weibchen, die Sexuales, hervor, die sich paaren. Die

Weibchen legen dann die überwinternden Eier, aus denen sich im nächsten Frühjahr wiederum die Fundatrix entwickelt.

Zuweilen ist der Entwicklungsgang noch umständlicher. Er kann auch einfacher sein; die Migrantes und Alienicolae können fehlen. Da es dann keine Wanderungen gibt, liegen diese Fälle außerhalb des Rahmens dieses Buches.

In blattlausreichen Jahren können die Wanderungen über weite Strecken gehen und ungeheure Mengen von Individuen umfassen; die Luft ist zuweilen geradezu geschwängert mit Blattläusen. Da sie sehr schwache Flieger sind, trägt der Wind sie hin und her. Einige wenige können in Bodennähe vielleicht die erwünschte Pflanze ansteuern; aber die meisten werden hochgewirbelt, vom Winde weit verfrachtet und gehen vermutlich zugrunde.

Noch wissen wir wenig über das Wandern; aber in England hat man sich bemüht, die Dinge wenigstens bei einer Art, der Bohnenlaus *Aphis fabae*, zu klären. Ihr Hauptwirt ist das Pfaffenhütchen; ihr Leben auf diesem baumartigen Strauch ist für uns ohne größere Bedeutung. Als Zwischenwirt können ihr Bohnen, Rüben und viele andere krautige Pflanzen dienen, seien es Unkräuter oder landwirtschaftliche Nutzpflanzen.

Bei diesen Untersuchungen kombinierte man Laborarbeit mit Beobachtungen in freier Natur. Wertvolle Ergebnisse brachte das Fangen der fliegenden Blattläuse mit staubsaugerartigen Fallen; sie sammelten sich in einer durch einen sinnreichen Mechanismus unterteilbaren Kammer, sodaß man, ohne Auswechseln der Kammer, die nacheinander gefangenen Tiere getrennt auswerten konnte. Solche Fallen befestigte man an Türmen oder, was sich als besonders nützlich erwies, an Kabeln, die an einem Fesselballon aufgehängt waren, in verschiedenen Höhen, bis zu mehreren hundert Metern. Gleichzeitig wurden Wind, Temperatur und Luftfeuchte gemessen.

Es gibt große Unterschiede in der Zahl der Blattläuse zu verschiedenen Tages- und Nachtzeiten. Bei Tagesanbruch fehlen sie fast ganz, beginnen sich erst einige Stunden später zu zeigen, und rasch wächst die Zahl bis zu einem Maximum am Vormittag. Um die Mittagszeit gibt es weniger, aber am Nachmittag tritt ein zweites Maximum auf. Dann nimmt ihre Zahl rasch ab; bei Anbruch der Dunkelheit sind die niederen Luftschichten blattlausleer; in den höchsten Schichten mag es noch einzelne geben.

Die beiden Maxima deutet man folgendermaßen: Die Geflügelten brauchen, um zum Wandern reif zu werden, eine gewisse Wartezeit; diese ist abhängig von der Temperatur. Es läßt sich zeigen, daß gemäß dem Temperaturverlauf die meisten Tiere am Nachmittag zum Wegfliegen reif sind; sie machen das Nachmittagsmaximum aus. Wie bei *Ascia* fallen die ersten Stunden nach Sonnenaufgang für das Wandern aus; aber alle, die während der Nacht flugbereit wurden, bilden dann das Vormittagsmaximum. Der Engländer C. B. Johnson war es, der diesen als normal zu bezeichnenden Rhythmus des Wanderablaufes nachwies; er zeigte aber auch, inwiefern die wechselnden Wetterbedingungen Größe und Zeitpunkt der Maxima beeinflussen.

Man wußte, daß der Wanderflug am Anfang gegen das Licht gerichtet ist; dabei kommen die Läuse sehr schnell in eine Luftschicht, in der sie dem Winde ausgeliefert sind. Noch stärker als die Wanderheuschrecken werden sie von den aufsteigenden Luftströmen hochgesaugt; in weniger als einer Stunde trifft man sie bereits in Mengen in mehreren hundert Metern Höhe. Das Sinken der Anzahl gegen Mittag zeigt, daß das Einzeltier vier, wahrscheinlich nur zwei bis drei Stunden fliegt. Das gleiche gilt für den Nachmittag.

Man kann unmöglich den Flug einer einzelnen Laus verfolgen; daher ist es sehr schwer, das Ende des Fliegens genau zu verfolgen. Es ist schwer vorstellbar, daß eine Laus, die morgens abfliegt, trotz der zur Mittagszeit kräftig aufsteigenden Luft, dennoch zu Boden sinkt; am Abend muß das bei der größeren Stabilität der Luftschichten viel leichter sein.

Über das Landen selbst weiß man recht viel. Die Tiere fliegen mehr oder weniger waagerecht dicht über den Pflanzen umher, landen schließlich auf einer von ihnen, mitunter nur für Sekunden, zuweilen für längere Zeit; oder sie bleiben. Auch bei kurzem Aufenthalt stechen sie den Rüssel ein, saugen einige Zeit, bringen manchmal sogar einige Junge zur Welt.

Aber auf welcher Pflanze landen sie? Das ist eine schwierige Frage. Der Landeplatz ist keineswegs dem Zufall überlassen. Sehr merkwürdig ist, daß sie nach einem Flug immer eine andere Pflanze aufsuchen als die, auf der sie aufgewachsen sind. Dieser Verhaltenswechsel wird auf eine bisher unbegreifliche Art durch den Flug selbst bestimmt; hierfür reicht bereits eine Flugzeit von zwanzig Sekunden aus.

Man hat viel diskutiert, ob der Gestalt- und Verhaltenswechsel bei den einander ablösenden Generationen von außen her oder erblich bedingt ist. Es gibt kaum einen Zweifel, daß die geflügelten Migrantes in steigender Zahl bei trockenem und warmen Wetter auftauchen, und wenn die Pflanzen älter werden. So ist es vielleicht zu begreifen, daß sie nach dem Wanderflug frische, junge und saftige Pflanzen bevorzugen. Je kürzer der Flug war, um so wählerischer sind sie beim Landen. Nach einem langen Flug begnügen sie sich auch mit weniger saftigen Pflanzen oder sogar mit solchen, auf denen sie sonst nicht leben.

Die Sunwanze

Es gibt wandernde Arten in fast allen Insektengruppen. Jetzt will ich über eine Wanze erzählen; sie hat in ihrem Wandertrieb manches mit der Bogongeule gemeinsam. In dieser Gruppe sind besonders die Wasserwanzen als Wanderer bekannt. Viele verlassen vor allem nachts ihre Wasserlöcher und fliegen weit herum; aber wir wissen wenig Genaues, nicht einmal, ob es sich um richtiges Wandern handelt.

In den Vereinigten Staaten gibt es eine kleine Wanze, die sich als Zerstörerin des Rasens oft unliebsam bemerkbar macht; man nennt sie Chinch bug, bei den Zoologen heißt sie *Blissus leucopterus*. Sie soll nach Überwinterung an geschützten Orten im Frühjahr Wanderungen unternehmen; aber auch darüber ist wenig bekannt.

Ganz sicher aber gibt es Wanderungen bei der Wanze *Eurygaster integriceps*; sie lebt im Mittleren Osten, besonders im südöstlichen Teil der Türkei, im nördlichen Syrien und Irak, im westlichen und nördlichen Iran, im Kaukasus und im südlichen Rußland. Sie ist durch ihr Saftsaugen als schlimmer Schädling des Weizenbaus allgemein bekannt. Die Perser nennen sie „senn“, die Araber „sun“; diesen angenehm kurzen Namen wollen wir weiterhin verwenden. Die Russen bezeichnen sie als eine lästige kleine Schildkröte; das ist recht treffend für ein Tierchen mit dickem Panzer, hochgewölbtem Körper und rundem Umriß.

Im zeitigen Frühjahr legen die Weibchen ihre Eier auf die jungen Weizenpflanzen oder auf Kräuter in deren Nähe. Nach einer Woche schlüpfen die kleinen Wanzen aus; sie ähneln den Erwachsenen, haben aber keine Flügel; die Wanzen gehören ja zu den Insekten mit unvollkommener Verwandlung. Die Jungen gehen gleich auf die Weizenpflanzen los, saugen sehr gierig, wachsen rasch, sind nach einigen Häutungen erwachsen; die ganze Entwicklung dauert nicht länger als zwei bis drei Wochen. In dem

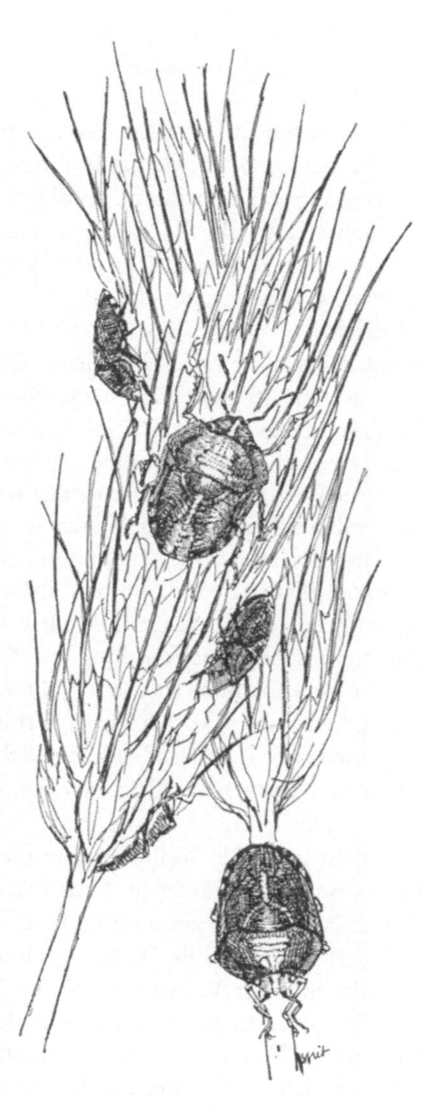

großen Verbreitungsgebiet und in den verschiedenen Höhen liegt die Weizenreife natürlich verschieden, Anfang Mai bis Ende Juni. Im allgemeinen ist jedoch die Entwicklung der Wanzen gut an die des Weizens angepaßt; die erwachsenen Wanzen erscheinen, wenn der Weizen beinahe reif ist, aber noch grüne Körner hat. Jetzt erfolgt etwas für die Wanzen Entscheidendes: sie sammeln sich in großen Schwärmen, fliegen von Feld zu Feld, mästen sich an dem noch saftigen Weizen und richten dabei oft großen Schaden an; in wenigen Wochen haben sie so in ihrem Körper eine gewaltige Fettreserve angesammelt.

So vorbereitet wandern die Schwärme in die Berge hinauf. Es gibt mehrere Beschreibungen dieser oft recht ausgedehnten Wanderungen; aber man hat sie niemals genau verfolgt. Man weiß lediglich, daß sie aus den Weizengebieten verschwinden; man sieht sie scharenweise fortfliegen und findet sie später auf den Höhen der Berge wieder. Hier graben sie sich an geschützten Stellen ein und verbringen in einem Starrezustand den Sommer. Wenn es im Herbst kühler wird, werden sie wach und wandern in tiefere Lagen, wo sie den Unbilden des Winters nicht so ausgesetzt sind. Während über die schwer zugänglichen Sommerplätze nur wenig bekannt ist, ist die Herbstwanderung, die etwa bei 1000 Metern Höhenlage endet, gut zu beobachten. Hier findet die Überwinterung statt, die neuerdings von dem britischen Forscher E. S. Brown gründlich untersucht wurde. Tausende von Wanzen liegen oft beisammen unter kleinen Büschen oder im verwelkten Laub unter Bäumen, besonders dort, wo nach dem Fällen des Baumes ein Wald von Wassertrieben hochgeschossen war.

Zeitig im nächsten Frühjahr werden die Wanzen wieder wach und beginnen die dritte Wanderung, die sie an den Ausgangspunkt, die Weizenfelder in den Niederungen zurückbringt. Jetzt endlich finden sie wieder eine Mahlzeit. Neun Monate haben sie, Männchen und Weibchen, die Hitze und Dürre des Sommers, die Herbststürme und den Schnee des Winters und dabei noch drei Wanderungen ohne jede Nahrungsaufnahme überstanden. Alsbald findet auch die Paarung statt, und die Eier beginnen in den Weibchen zu reifen.

So seltsam und voller Probleme ist das Leben dieser kleinen Wanze. Man könnte meinen, die Berichte enthielten ein gut Teil

Ammenmärchen; das dachte auch ich zunächst. Viele Forscher haben zur Klärung beigesteuert. Der erste Sammelbericht stammt um 1930 von dem deutschen Forscher Zwölfer. Aber erst nach dem zweiten Weltkrieg begann das intensive Studium: durch Alexandrov und Vodjdani aus Iran, durch Meymerian aus Irak, besonders aber durch russische Forscher; E. M. Fedotov hat die Ergebnisse in vier dicken Bänden gesammelt. Die meisten Beiträge stammen von dem bereits erwähnten E. S. Brown.

Alle scheinen sich einig zu sein, daß die geschilderte Lebensweise im allgemeinen richtig ist. Einige Wanzenbevölkerungen, z. B. in Syrien und Irak, leben so weit von den Bergen entfernt, daß sie Sommer und Winter eingegraben an einigermaßen geschützten Orten verbringen; man weiß nicht, wie weit sie, um diese Stellen zu finden, wandern müssen. In der Versuchsstation von Abu Ghraib bei Baghdad konnte ich mich von der unglaublichen Härte der Wanzen selbst überzeugen. Ich fing einige Individuen aus einem vorbeifliegenden Schwarm und setzte sie im Laboratorium in ein Terrarium. Das war Ende Mai. Ich sah sie später nicht mehr und nahm an, sie seien gestorben. Ich stellte das nicht entleerte Terrarium beiseite; nach einigen Monaten wollte ich es wieder verwenden. Es war sehr heiß und trocken, jeden Tag zeitweilig über 40°. Zu meiner Überraschung waren die meisten Wanzen noch am Leben; sie lagen bewegungslos im Sand am Boden des Terrariums.

Ohne Zweifel können also Wanzen härteste Bedingungen fastend überleben. Aber es gehen nach den Untersuchungen von Brown doch auch viele zugrunde, zumal beim Übersommern. Die entscheidende Bedeutung der vierzehn Tage, in denen sie herumstreifen und Nahrung im Fettkörper speichern, ist einleuchtend. Wenn in dieser Zeit die Nahrungsreserve nicht groß genug wird, wird ein Überleben unmöglich.

Das ist so ausgeprägt, daß die Russen daraus eine Methode zur Beurteilung der in den nächsten Jahren zu erwartenden Schäden gemacht haben. Sie untersuchen, ob die ruhenden Wanzen die zum Überleben wahrscheinlich ausreichende Reserve gespeichert haben. Dies Verfahren hat Brown weiterentwickelt. Das große Sterben beginnt im Oktober, wenn die Tiere nach dem langen heißen Sommer zu ermattet sind für die Wanderung in die Winterquartiere.

Die Winterruhe ist viel ungefährlicher; haben die Wanzen einmal die Winterquartiere erreicht, so verfügen sie später an den Vermehrungsorten in der Regel wohl noch über die zur Eireife nötigen Reserven.

Bei der Schadensprognose benützen die russischen Forscher einen Grundsatz, der vielleicht von allgemeinerer Bedeutung ist. Wenn die Bedingungen mehrere Jahre hindurch ungünstig sind, speichern die Wanzen zu wenig Reserven und nur wenige kommen durch; die ganze Wanzenbevölkerung (Population) ist reduziert. Selbst wenn dann wieder ein günstiges Jahr mit zahlreichen kräftigen Tieren folgt, werden doch viele sterben. Erst nach mehreren guten Jahren wird die Population wieder normal sein. Umgekehrt werden die Wanzen nach einer Reihe von günstigen Jahren mit zahlreichen und kräftigen Individuen ein schlechtes Jahr besser durchstehen, als man erwartet. Man muß daher bei Voraussagen für Schäden die Bedingungen über mehrere Jahre hinweg kennen. Zudem ist der Zustand der Tiere nur einer der Faktoren, die das Auftreten einer Wanzenplage bestimmen.

Zu den weiteren wichtigen Faktoren gehört z. B. das Wetter zur Zeit der Eiablage, ferner die Anwesenheit von Schmarotzern. Eine beachtliche Rolle spielt eine in den Wanzeneiern schmarotzende kleine Wespe; sie ist zuweilen so verbreitet, daß sie eine ganze Population ausrotten kann. Ich habe im Irak hunderte von Wanzeneiern bekommen; aber es schlüpften ausschließlich Wespen aus. Dies hat man, besonders im Iran, für eine biologische Bekämpfung zu nützen versucht. Man sammelt in den Winterquartieren zehntausende von Wanzen, läßt sie in großen „Wespenfabriken" auf Weizenblättern Eier legen, gibt so den Wespen reichlich Gelegenheit, ihre Eier in denen der Wanzen unterzubringen. So bekommt man nach einiger Zeit Millionen von Wespen, die man über den Weizenfeldern ausläßt. An manchen Orten hat sich dies Verfahren als sehr wirkungsvoll erwiesen, besonders bei kleineren Schadensfällen. Bei großen Plagen reichen auch die Millionen in den „Fabriken" erzeugten Wespen nicht aus.

Ich habe deshalb so viel über die Sunwanze erzählt, weil sie ein interessantes Insekt ist, zumal aber auch, weil sie beim Wandern ein ungewöhnliches Verhalten zeigt. Ohne Zweifel führen die meisten Individuen regelmäßige, an die Jahreszeiten gebundene

Wanderungen durch. Sie ist das einzige Insekt, das mit an Sicherheit grenzender Wahrscheinlichkeit zum Ausgangspunkt zurückkehrt; beim Monarch ist das zwar nicht unmöglich, bei der Bogong-Eule sogar wahrscheinlich. Mit der kleinen Einschränkung soll gesagt sein, daß es so wenig direkte Beobachtungen gibt über die Wanderungen; niemand hat versucht, einen Schwarm zu verfolgen. Markieren der Wanzen mit Radioisotopen ist bisher an der unzulänglichen Technik gescheitert. Man weiß nicht, ob und wie weit der Flug geradlinig geht, ob er vom Winde beeinflußt wird, ob z. B. Aufwinde zum Erreichen der Berggipfel benützt werden. Und wie kommt es zum Herabwandern und dazu, daß das Abwärtswandern in einer bestimmten Höhe stecken bleibt? Wodurch wird jeweils der Wandertrieb ausgelöst? Man weiß, daß bei der letzten Wanderung die Männchen einige Tage vor den Weibchen in den Vermehrungsgebieten eintreffen; wie geht dies vor sich?

Fragen über Fragen; neben einigen wohlverdienten Ausrufungszeichen. Die Erforschung der Wanderungen ist umständlich, die Berge sind schwer zugänglich; es gibt Dörfer in den Bergen von Kurdistan, die man nur auf dem Rücken von Maultieren, von ganz geübten Maultieren erreichen kann. Gleichwohl sollte man vor allem den Beginn der Wanderungen studieren und es an großzügigen Markierungsversuchen nicht fehlen lassen.

E. S. Brown weist darauf hin, daß man an den Überwinterungsorten der Wanzen auch viele andere Insekten findet; vermutlich haben sie eine ähnliche Lebensweise. Es wäre vielleicht zweckmäßig, auch eine andere Wanze, *Piesma quadrata*, zu untersuchen; sie lebt auf Rüben. Sie soll lange vor dem Welken der Rübenblätter abwandern zu einem geschützten Überwinterungsplatz. Im nächsten Jahr paaren sie sich und legen Eier auf die neuen Rübenblätter. Die „Wanderungen" der Rübenwanzen gehen jedoch nur über sehr kurze Entfernungen, oft nur über wenige Meter. Gleichwohl könnte man bei ihnen vielleicht Klarheit über einige Faktoren erhalten, die auch bei den Wanderungen der Sunwanze im Spiele sind.

Die Marienkäfer

Sogar Menschen, für die sonst alle Insekten nur widerliches Gewürm sind, haben nichts gegen Marienkäfer. Keine Mutter hat Angst, wenn der Peter einen aufnimmt, auf den Finger klettern läßt, um zu sehen, ob er an der Spitze die Flügel breiten, gegen den Herrgott fliegen und um gutes Wetter bitten wird. Vielleicht wissen die Psychologen, warum man die kleinen, blanken, rot und schwarzen Halbkugeln so zärtlich behandelt, und warum man so fest an ihre Verbindung mit den himmlischen Mächten glaubt. In Dänemark nennt man sie Jungfrau Marias Hennen; die Schweden sehen sie als Marias Schlüsselmägde an und die Engländer als Marias Vögel, Ladybirds. Die Franzosen gehen noch weiter und nennen sie einfach die Tiere des Herrgotts, les bêtes à bon Dieu.

Marienkäfer leben als Larven wie als Erwachsene fast ausschließlich von Blattläusen, die ja oft sehr schädlich sind. Kommt daher ihre Beliebtheit? Kaum. Von den Spinnen, die unsere Häuser von Fliegen und Mücken befreien, will ja, und wenn sie noch so schöne Netze bauen, niemand im Volke etwas wissen.

Trotz ihrer allgemeinen Beliebtheit haben die Forscher die Marienkäfer doch arg vernachlässigt. In großen Zügen kennt man natürlich ihre Lebensweise: daß sie als erwachsene Käfer überwintern; daß sie ihre Eier auf Pflanzen legen; daß hier später die dunklen Larven mit den hellen Flecken auf Blattläuse Jagd machen. Die Puppe ähnelt einem Faß und ist, oft kopfunter, an einem Blatt befestigt.

Aber anscheinend hat man ihr Leben und Treiben niemals sehr gründlich untersucht, und ganz gewiß nicht ihre Wanderungen, die uns hier am meisten interessieren. Es gibt viele Erzählungen über ihr plötzliches massenhaftes Auftreten, merkwürdigerweise immer entweder an einer Küste oder auf einem Berggipfel. Warum

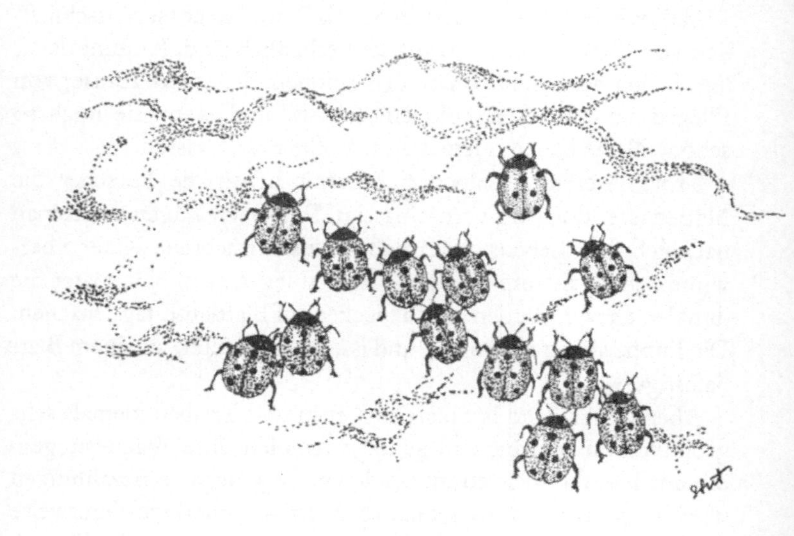

das so ist, kann man nur vermuten; wir kennen ihre Lebensweise zu schlecht, es fehlt an guten Beobachtungen über die Flüge, die zudem wohl sehr unregelmäßig auftreten.

Die wesentlichste Ausnahme ist ein amerikanischer Marienkäfer, der in Kalifornien lebt. Wanderflüge hat man bei ihm zwar nicht gesehen. In den Tälern gibt es ihn vor allem im Vorsommer reichlich; er lebt dort von den Schädlingen in den Obstplantagen. Später trifft man ihn regelmäßig in großen Mengen hoch oben in den Bergen an, wo er überwintert. Wahrscheinlich liegen die Dinge ähnlich wie bei der vorhin besprochenen Sunwanze.

Es ist an der Zeit, etwas über die Anwendung der Marienkäfer bei der Schädlingsbekämpfung zu sagen; die Geschichte ist nicht ohne bittere Moral. Man fand heraus, daß ein Marienkäfer täglich 60 Blattläuse frißt. Einige im Frühling in der Obstplantage ausgesetzte Käfer würden einige hundert Eier legen, aus denen ebensoviele Käfer werden; deren jeder würde pro Tag wiederum 60 Blattläuse fressen. Das hörte sich verheißungsvoll an. Man sammelte also Marienkäfer; das ging schnell: zwei Mann schafften täglich 35—40 Kilogramm (pro Kilogramm gut 50 000 Marienkäfer!). Man hob sie im Winter an einem kalten Ort auf und setzte im Frühling 24 Millionen Marienkäfer in den Plantagen aus. Drei Tage nach dem Aussetzen waren sie verschwunden; ihre Zahl war nicht größer als zuvor.

Dies geschah 1912. Dann begann man nachzudenken. Nach sieben Jahren setzte man mit Gold- oder Silberbronze markierte Käfer aus. Vierzehn Tage danach suchte man die Plantagen und ihre Umgebung in einem Radius von zehn bis zwölf Kilometern gründlich ab. Von 600 000 Markierten fing man zwei, in einem anderen Versuch in drei Wochen von 400 000 neunzehn wieder.

Hier handelt es sich um biologische Schädlingsbekämpfung; man sucht sich eines Schädlings zu erwehren, indem man einen seiner Feinde begünstigt. Für jeden, der, wie ich selbst, starke Eingriffe in die Natur ungern sieht, ist dies Verfahren noch das erträglichste. Das Gleichgewicht in der Natur wird so wenig wie möglich gestört; und bei richtiger Anwendung werden wirklich nur schädliche Insekten betroffen.

Bereits im vorigen Jahrhundert hatte man mit großem Erfolg gerade in Kalifornien eine Schildlaus mit einem aus Australien eingeführten Marienkäferchen bekämpft. Der oben geschilderte Fall, der die biologische Bekämpfung in schlechten Ruf brachte, mißglückte deshalb, weil man zu wenig über die Lebensweise der Käfer wußte. Wenn es stimmt, daß die Käfer im Frühling von den Winterquartieren in den Bergen zu Tal wandern, wird begreiflich, daß die im Frühling in den Plantagen losgelassenen Tiere wegfliegen; es wäre zweckmäßiger gewesen, sie in den Bergen auszusetzen an einem Platz, von dem aus sie voraussichtlich die zu schützende Plantage erreichen werden. Um richtig zu handeln, bedarf es freilich zeitraubender Forschungen. Gift auszustreuen ist allerdings leichter, auch wenn dadurch noch viele andere Insekten betroffen werden.

Wir wollen versuchen, das geringe Wissen über die Wanderungen der Marienkäfer zusammenzufassen. Die Zahl der Käfer kann bei günstigen Bedingungen so groß werden, daß sie zur Bildung von Scharen neigen, die dann zu besonderen Winterquartieren abwandern. Man kann oft beobachten, daß Marienkäfer schon bei geringer Erwärmung ihr Winterversteck verlassen; das kann bei einem Kälterückfall gefährlich werden. Man hat gemeint, die Überwinterung in den Bergen, wo es länger kalt bleibt, sei demnach günstiger; eine Zweckmäßigkeitsbetrachtung, die noch nicht viel weiter führt. Das Auftreten solcher Wanderungen ist jedenfalls nicht von der Hand zu weisen; vielleicht fallen sie nur auf, wenn es sich um sehr große Scharen handelt.

Die Libellen

Wir behandeln hier die Insektenwanderungen an einigen besonders bekannten Beispielen. Deswegen darf man jedoch nicht meinen, daß es sich um einen seltenen Vorgang handelt; bei einer Vielzahl von Insekten hat man Wanderungen gesehen.

Viele Schmetterlinge gehen wohl jedes Jahr auf Wanderschaft. Bei Angehörigen anderer Gruppen treten Massenwanderungen seltener auf; aber wenn das geschieht, ist der Anblick oft so überwältigend, daß man sie erwähnen sollte. Hierher gehören die Großlibellen, über deren Wanderzüge es einige ältere Beschreibungen gibt. Die beste stammt aus dem Jahre 1852; damals beobachtete der Insektenforscher Hagen bei Königsberg einen Massenzug. Der Libellenschwarm war 15—20 Meter breit und drei Meter hoch; die Tiere flogen in dichten Reihen, ohne auch nur einen Augenblick von der Richtung abzuweichen. Für einen ähnlichen Zug ist der Abstand der Individuen voneinander mit einem Fuß angegeben. Wenn das Gleiche für den Hagenschen Fall gilt, waren hier auf dem Querschnittareal etwa 600 Individuen zu finden. Hagen sagt, daß, im Vergleich zum gewöhnlichen Libellenflug, die Tiere viel gleichmäßiger und langsamer dahinzogen, „ungefähr als ob ein Pferd im kurzen Trab läuft", also wohl beiläufig zehn bis zwölf Kilometer in der Stunde. Das bedeutet bei der angegebenen Geschwindigkeit größenordnungsmäßig 300000—400000 pro Minute oder 20 Millionen in der Stunde. Hagen bekam bereits neun Uhr morgens Kunde von dem Zug; er dauerte bis zum Einbrechen der Dunkelheit. Ein Teil übernachtete in Königsberg selbst, wo er Häuser und Bäume bedeckte; am nächsten Morgen flog er in der gleichen Richtung weiter.

Man darf den Insektenforschern genaues Beobachten unterstellen. Hagen fiel auf, daß die Millionen glitzernder Flügel in Regenbogenfarben schillerten; das aber ist bezeichnend für frisch ge-

schlüpfte Libellen. Und er tat dann etwas sehr Vernünftiges: er wanderte entgegen der Zugrichtung, um herauszufinden, woher die Tiere kamen. Es war ein kleiner See, wenige Kilometer von der Stadt entfernt. Daß er bei den damaligen Verkehrsmitteln nicht auch das Ende des Zuges selbst zu finden versuchte, darf man ihm kaum zum Vorwurf machen. Aber er setzte eine Anfrage in die Zeitungen und erfuhr, daß man die Libellen in Krachau beobachtete, einige 20 Kilometer in Zugrichtung hinter Königsberg.

Es gibt ähnliche, weniger ausführliche Beschreibungen; sie stimmen im großen und ganzen mit der Hagenschen überein. In einzelnen Fällen zogen die Libellen nicht als schmales Band, sondern in einer bis zu elf Kilometer breiten Front. Meist hebt man die beinahe militärische Ordnung der Flugformationen hervor; für Finnland jedoch gibt es die Beschreibung eines Zuges von Kleinformationen, die mit gewissen Zeitabständen aufeinander folgten. Nach den Berichten darf weithin als bezeichnend gelten: niedere Flughöhe, langsames aber zügiges Tempo; kein Tier jagt nach Futter, keines setzt sich zur Ruhe, außer bei Einbruch der Nacht.

Eine feste Beziehung zwischen Wind- und Wanderrichtung scheint es nicht zu geben, wenn auch Wandern gegen den Wind recht oft vorkommt. In der Regel ist der Zug gradlinig, folgt in einzelnen Fällen aber den Windungen eines Flusses.

Von einer ganzen Reihe von Libellenarten weiß man, daß sie gelegentlich wandern; aber die meisten Berichte gelten einer bestimmten Gruppe der Großlibellen. Am häufigsten wandert eine Art mit vier schwarzen Flügelflecken, je einem am Grunde jedes Flügels (*Libellula quadrimaculata*); man sieht diese ein wenig plump gebauten Tiere im Vorsommer über Wasserlöchern jagen; die Männchen zeichnen sich durch den hellblau gepuderten Hinterleib aus.

Es ist bezeichnend, daß Libellenwanderungen oft gleichzeitig von mehreren Punkten eines größeren Bereiches gemeldet werden. Im Jahre 1900 traten an einigen Tagen des Juni solche Flüge in ganz Belgien und in großen Teilen Hollands auf, u.z. im Anschluß an eine besonders warme Vorsommerperiode. Man weiß auch, daß zwar bei den meisten Libellen das Ausschlüpfen sich über einen beachtlichen Teil des Sommers hinzieht, daß aber an einem bestimmten Tümpel meist alle gleichzeitig zum Vorschein kommen. Einige Tage bleiben sie am Schlüpfort und tummeln sich im Schwarm über dem Gewässer; aber plötzlich sind sie verschwunden, abgewandert. Erst viel später, wenn sie einen anderen See oder Teich erreicht haben, werden sie geschlechtsreif.

Meines Wissens hat man in Dänemark niemals wandernde Libellen gesehen; aber ich weiß bestimmt, daß es sie gibt. Als ich an einem Septemberabend während des Krieges über Gammeltorv mitten in Kopenhagen zum Bahnhof eilte, flogen dort hunderte von Libellen in der Luft herum, zweifellos eine durch die Dämmerung aufgehaltene Wanderschar. Es war übrigens eine der kleinen Spätsommerarten.

Das also wissen wir von den Libellen: sie wandern, wenn viele auf einmal geschlüpft sind; sie wandern, wenn sie einige Tage alt, aber noch nicht geschlechtsreif sind; und sie fliegen tief über dem Boden dahin, meist in scharf abgegrenzten Zügen und vermutlich unabhängig vom Wind.

Die Mücken

Begreiflicherweise ist es schwerer, kleine Insekten beim Wandern zu untersuchen als große, besonders, wenn es sich um Nachtwanderer handelt. Es ist daher nicht verwunderlich, daß unser Wissen über die Mückenwanderungen begrenzt ist. Gleichwohl will ich zuletzt noch von diesen Insekten erzählen, vor allem deswegen, weil unsere geringen Kenntnisse doch gut fundiert sind. Ich kann darüber mit einer gewissen Sicherheit sprechen, weil ich an den Untersuchungen beteiligt war.

Ich schloß mich vor einigen Jahren an die Forschergruppe an, die für das Gesundheitswesen von Florida die Lebensweise der Mücken untersuchte. Damals lernte ich zu meinem Erstaunen, daß einige der häufigsten Arten als Wanderer gelten. Ich war etwas mißtrauisch; denn die vorliegenden Berichte klangen nicht sehr überzeugend. Es handelte sich vor allem um eine Art, die in Brackwassersümpfen an der Küste Floridas und auch an anderen Orten der Atlantikküste Amerikas lebt; es sind die gleichen Bereiche, in denen auch der früher behandelte Schmetterling *Ascia* vorkommt.

In diesen Sümpfen gibt es nach starkem Regen oder bei überhöhter Flut Überschwemmungen; dabei sammelt sich das Wasser in Pfützen. Die Mücken legen ihre Eier genau an den Rand dieser Pfützen, wo die Erde noch naß ist. Die Embryonalentwicklung verläuft rasch, bis die Larve im Begriff ist auszuschlüpfen. Dann folgt ein Ruhestadium, in dem die Eier fast ganz trocken liegen können. Bei der nächsten Überschwemmung aber schlüpfen die Larven, meist im Laufe von einigen Minuten. Sie entwickeln sich rasch, bevor die Pfützen wieder austrocknen; für die vier Larvenstadien und die Puppe kann in Florida eine Woche ausreichen.

Einen ähnlichen Lebensablauf haben auch viele unserer heimischen Mücken. Jedoch müssen bei ihnen die Eier eine gewisse

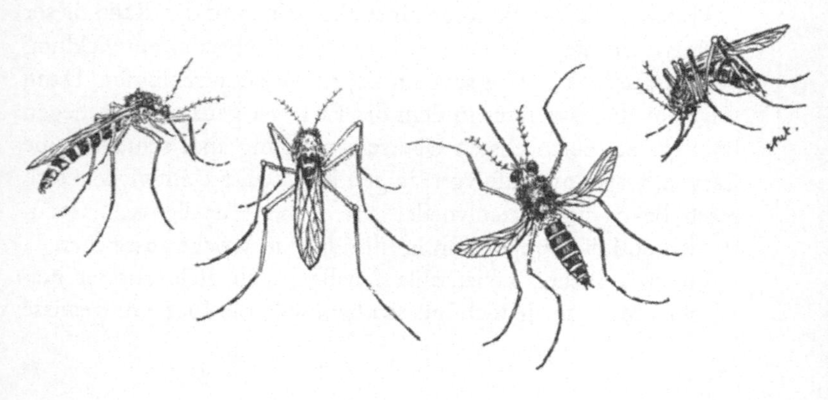

Zeit abgekühlt werden, bevor nach dem Ruhestadium die Entwicklung weitergeht. Daher schlüpfen die Larven erst im Frühling; es gibt nur eine Generation im Jahr. Den Brackwassermükken in Florida genügt es, wenn die Eier ein Paar Tage austrocknen. So kann es bei der nächsten Überschwemmung eine neue Generation geben; es können viele Bruten im Jahr entstehen.

Auf Grund unserer Erfahrung mit *Ascia* konzentrieren wir uns zunächst auf das Ausschlüpfen und auf das, was an den ersten Tagen danach geschieht. Wir müssen wieder hinaus in die Sümpfe und Mangrovenwälder an der Küste Floridas, wo auch die *Ascia*-Raupen leben, und finden eine Pfütze mit den Larven und Puppen der Mücke. Die Puppen haben die Neigung, sich an dem vom Winde abgewandten Pfützenrand zu sammeln. Es kommt der große Augenblick: die Puppenhaut platzt, die Mücke arbeitet sich langsam heraus, treibt mit dem Winde vielleicht noch ein Stückchen weiter. Ist sie ganz geschlüpft, muß sie möglichst rasch mit den noch weichen Flügeln das Trockene erreichen. Deshalb findet man die Frischgeschlüpften in dichten Scharen auf der Leeseite des Wasserloches. Hier bleiben sie mindestens vier bis sechs Stunden; erst dann sind sie zu längeren Flügen bereit. Das Weitere hängt von der Tageszeit, richtiger vielleicht vom Licht ab. Ist es dunkel, fliegen sie zunächst die höchsten Pflanzenteile in der Nähe an und verschwinden dann endgültig. Ist es hell, warten sie mit dem Wegfliegen bis zum Sonnenuntergang.

Das Ausschlüpfen der Mücken ist nicht gleichmäßig über den ganzen Tag verteilt; für jede Brut gibt es eine Tageszeit, an der die Hauptmasse schlüpft. Es wunderte uns zunächst sehr, daß dieser Zeitpunkt für verschiedene Bruten verschieden war. Dann entdeckten wir, daß die Larven sich zumeist bei Sonnenuntergang verpuppen, ferner daß die Dauer des Puppenstadiums ausschließlich von der Temperatur abhängt. Bei 25° Wassertemperatur dauerte es 49 Stunden; eine Mücke, deren Larve sich an einem Montag 18 Uhr verpuppte, wird also Mittwoch 19 Uhr schlüpfen. Ist das Wasser aber nur zwei Grad kälter, 23°, braucht die Puppe 60 Stunden, die Mücke wird erst am Donnerstag früh 6 Uhr die Puppenhaut verlassen.

Freilich dauert die Entwicklung nicht bei allen Individuen gleich lang; die Variation steht in einem gewissen Verhältnis zur

Gesamtdauer. In Florida, wo das ganze Geschehen nur 8—10 Tage dauert, werden sich Verpuppung und Schlüpfen über 2—3 Tage verteilen; dann gibt es noch einige Nachzügler. Am ersten Tage schlüpfen ausschließlich Männchen, am nächsten Tage ebensoviele Männchen wie Weibchen, am letzten Tage überwiegen die Weibchen. In Dänemark dauert die Entwicklung in dem im Frühling kühlen Wasser 6—8 Wochen; auch das Ausschlüpfen erstreckt sich über ein paar Wochen.

In Florida bleibt die Wassertemperatur während der wenigen Tage, um die es sich dreht, recht konstant; das Schlüpfmaximum liegt an jedem dieser 3 Tage etwa um die gleiche Zeit. Bei Schlüpfen am frühen Morgen oder Vormittag wird es bis zum Sonnenuntergang eine große Menge zum Wegfliegen bereiter Mücken geben. Kurz, bevor die Sonne verschwindet, beginnt ein allgemeiner Aufbruch, zunächst mit ziemlich kleinen „Sprüngen" von Zweig zu Zweig, aber immer auf einen höheren. 15—20 Minuten später haben die ersten die Baumwipfel erreicht; dann fliegen sie weg, meist ziemlich viele gleichzeitig, vergleichbar einer angeblasenen kleinen Rauchwolke. Neue Mücken rücken nach, nach 15—30 Sekunden folgt die nächste Wolke. Die Mücken fliegen schräg in die Luft hinauf und kommen rasch außer Sicht. Wenn es sehr ruhig ist und sehr viele Mücken gibt, hört man noch eine Zeit lang von hoch oben ein lautes Summen; vermutlich sammeln sich die Tiere vor dem endgültigen Wegzug.

Aber handelt es sich wirklich um den Beginn einer Wanderung? Die ersten Versuche, die wir zur Prüfung machten, waren sehr einfach, brachten aber ein sehr klares Ergebnis. Wir markierten alle Mücken, die nachmittags am Schlüpfort auf der Erde saßen; am nächsten Tag wurden so viele wie möglich am gleichen Platz gefangen. Wir untersuchten mehrere Hundert, aber nicht eine war markiert.

Die Markierungsmethode mußte anders sein als bei *Ascia*. Man empfahl uns, die Mücken mit einer Mischung von Farbpulver und Mehl zu bepudern; wenn man dann die gefangenen Mücken in einen Tropfen einer Mischung von Alkohol, Glyzerin und Wasser bringt, wird sich die Farbe lösen und die Flüssigkeit anfärben. Das Bestäuben geschah mit einem „handduster", einem Apparat mit eingebautem, von Hand betriebenen Ventilator; an den Apparat war ein Schlauch angeschlossen, mit einem Rohr, aus dem das Gemisch wie ein Rauch austritt. Es versteht sich am Rande, daß der Betätiger dieses Apparates auch seinen Anteil an dem zuweilen sehr lästigen Farbstoffpuder erhielt.

Unter der Leitung von Dr. Maurice W. Provost machten wir später viel umfassendere Versuche mit Radioisotopen. Es würde zu weit führen, im einzelnen darüber zu berichten. Das Prinzip ist, ungefähr fünf Millionen Mückenlarven in großen Holzbottichen zu halten, mit Wasser, dem Phosphorisotop zugesetzt ist. Mit dem Futter werden diese Larven und damit dann auch die erwachsenen Mücken radioaktiv; das kann man mit einem Geigerzähler feststellen.

Hat man die Tiere losgelassen, so kommt die Riesenaufgabe, Mücken aus einem großen Gebiet rund um die Auflassungsstelle einzufangen und zu untersuchen. Unser Team bestand aus etwa 30 Mann, die einige Wochen harte Arbeit leisten mußten. Die Mücken wurden mit verschiedensten Netzen und Fallen eingefangen, mit Lichtfallen, mit rotierenden Netzen, mit an Lastautos, an einem Motorboot oder Flugzeug befestigten Netzen. Der Fang wurde so rasch wie möglich verarbeitet. Große Aufregung herrschte, wenn es z. B. bei einem Haufen von toten Mücken von der Größe einer Zigarrenkiste eine Anzeige mit dem Geigerzähler gab. Der Haufen wird halbiert, die für den Geigerzähler positive Hälfte erneut geteilt usw. In Kürze ist die markierte Mücke gefunden, und wenn auch nur ein Bein von ihr übrig geblieben war.

Es zeigte sich, daß noch die am weitesten entfernten Fallen (50 Kilometer vom Auflassungsplatz) Markierte enthielten; aber die meisten Mücken fliegen nur 10—20 Kilometer, die Männchen durchschnittlich weniger weit als die Weibchen. Sie fliegen in viele Richtungen, die meisten aber mit dem Winde.

Den Wanderflug selber hat man nur einmal gesehen. Einer der tropischen Orkane (Hurricanes) streifte im September 1955 die Küste Floridas, jedoch so weit draußen, daß er sich an der Küste nur durch eine mächtige Flutwelle bemerkbar machte. Die dadurch entstandenen Überschwemmungen riefen die größte Massenvermehrung von Mücken hervor, die seit Menschengedenken in Florida auftrat. An dem Abend, als man den größten Wanderflug erwarten konnte, kletterte mein Freund James S. Haeger auf den Gipfel eines Baumes am Rande des Sumpfes. Hier hörte und sah er den Schwarm einige Meter über den Baumkronen vorbeifliegen wie einen riesigen Teppich, der über ihm vorbeigezogen wurde. Das dauerte ungefähr eine halbe Stunde.

Zweierlei noch will ich über den Zustand der Tiere bei Beginn der Wanderung erwähnen. Das eine betrifft die Frage, ob sie vor dem Start saugen. Eine eindeutige Antwort gibt es nicht. Mitunter saugen sie, mitunter nicht. Das hängt vielleicht vom Schlüpftermin ab. Wenn sie saugen, geschieht dies bei Sonnenuntergang auf dem Flug zu den Baumwipfeln, und natürlich nur bei Nahrungsangebot. Die andere Frage ist, ob sich die Mücken vor der Abreise paaren. Auch dies hängt von den jeweiligen Verhältnissen ab. Die Männchen können sich erst in einem Alter von einem Tage oder mehr paaren, die Weibchen dagegen schon einige Stunden nach dem Schlüpfen. Wenn das Ausschlüpfen 3 Tage dauert, erscheinen die Weibchen am zweiten und dritten Tag. Die Männchen, die vom gleichen Tage stammen, sind für die Paarung zu jung, die vom vorhergehenden Tage aber sind weggeflogen. Die an diesem Tage geschlüpften Tiere treten also die Wanderung ohne vorherige Paarung an. Sind jedoch ältere Männchen anwesend, z.B. Überlebende von einer früheren Brut, oder von anderen Schlüpforten Zugewanderte der gleichen Brut, dann kommt es während des Aufbruches zur Paarung.

Man weiß nicht mit Sicherheit, ob diese Mücken nur während der ersten Nacht wandern; nach dem vorliegenden Material ist es am wahrscheinlichsten, daß sie 2 Nächte lang unterwegs sind. In diesem Falle werden die, die sich nicht am ersten Abend gepaart haben, dies vermutlich beim Wanderbeginn am zweiten Abend nachholen.

Nachwort

Welche allgemeinen Grundsätze kann man hinter dem, was wir vom Wandertrieb der Insekten wissen, ahnen?

Zuvor möchte ich einen Punkt hervorheben, den man beachten muß, will man das Verhalten der Tiere verstehen. Am besten kann ich das wohl mit einem Beispiel erklären.

Wir sahen zuvor, daß bei manchen Heuschrecken die Eier im Winter ein Ruhestadium durchmachen; erst wenn das Ei eine Zeitlang niederen Temperaturen ausgesetzt war, geht die Entwicklung weiter. Man kann dies von zwei Seiten her betrachten.

Zunächst stellen wir fest, daß diese Ruhepause äußerst zweckmäßig ist. Die Art könnte ja ohne ein solches Überwinterungsverfahren in unsern Breiten nicht überleben. So aber ist sie jetzt von Mittelschweden bis zur Sahara verbreitet; ohne die Ruhepause wäre sie vielleicht nur in Nordafrika zu finden. Wir können uns für kaltes Klima nach Belieben einen warmen Wintermantel kaufen. Aber kann denn eine Heuschrecke „beschließen", für den Winter das Ei zu einem Ruhestadium zu machen?

In der Regel erklärt man das Entstehen einer so zweckmäßigen Anpassung, wie wir sie hier als Beispiel nehmen, in folgender Weise. Die Vorfahren der Heuschrecke hatten das Bestreben, sich möglichst weit auszubreiten; über die Grenzen des für sie günstigen Wohngebietes vordringend kamen sie jedoch in ungünstigere Bereiche und starben hier wieder aus, wenn ein strenger Winter kam. Dergleichen geschieht ja ständig bei Pflanzen und Tieren. Nun stellt man sich vor, daß zufällig eine der bei Lebewesen gelegentlich auftretenden Erbänderungen (Mutationen) entsteht, die ein längeres, also widerstandsfähigeres Eistadium zur Folge hat; ein so ausgestattetes Tier hätte am Rande des Verbreitungsgebietes nach einem harten Winter eine größere Überlebenschance. Das gilt auch für seine die gleiche Mutation tragenden Nachkommen;

es werden ihrer mehr und mehr. Schließlich ist eine neue Art mit Pause in der Eientwicklung entstanden.

Man kann an das Problem des Ruhestadiums auch anders herangehen. Man macht Versuche, Messungen, Analysen, um die Ursache für das Geschehen zu ergründen; und kommt schließlich zu der oben erwähnten Erklärung, daß es sich dabei um das Zusammenspiel einander entgegenwirkender Enzyme handelt.

Ich will zugeben, daß die zuerst genannte Betrachtungsweise weithin, auch bei ernsten Forschern, üblich ist. Wir Biologen sind ja alle von tiefem Staunen erfüllt über die wunderbaren Anpassungen der Lebewesen an die verschiedensten Umweltbedingungen; und wir meinen, sie mit den erwähnten Gedankengängen besser zu verstehen. Aber es handelt sich um eine Theorie, die vorerst nicht strikte bewiesen werden kann. Man kann sie sich leicht am Schreibtisch ausdenken. Hätte nicht die Heuschrecke den Winter als vollentwickeltes Insekt überleben können? Auch das gibt es, z.B. bei der kleinen dänischen *Tetrix*. Es ist also immer Vorsicht am Platze bei Erklärungen der Zweckmäßigkeit. Mir persönlich fällt es schwer, die Entstehung der unzähligen Zweckmäßigkeiten, die wir ständig an den Tieren beobachten, durch zufällige günstige Mutationen zu deuten; ich kann aber die Möglichkeit nicht bestreiten.

Wir wollen lieber die Füße auf dem Boden behalten und versuchen, durch unermüdliches, oft schwieriges, aber sichere Erfolge bietendes Beobachten und Experimentieren den wunderbaren Reichtum der Geschöpfe zu begreifen. Wir fragen also nicht, warum ein Tier sich so und so verhält, sondern danach, was es tut, und welche Faktoren im Augenblick sein Verhalten bestimmen.

Ich hatte bereits auf das so verbreitete Mißverständnis hingewiesen, Insekten würden immer dasselbe tun, z.B. das Mückenweibchen sei immer zum Stechen bereit; und es sticht doch nur zwei- bis dreimal in seinem Leben. Nicht nur biologischen Laien, auch Leuten, die technisch mit den Insekten zu tun haben, z.B. Ärzten, Ingenieuren, ja sogar Biologen unterlaufen solche Irrtümer.

Auf unserem Gebiet war bis in jüngste Zeiten der Irrtum verbreitet, wandernde Insekten seien ständig unterwegs. Es ist natürlich für die Bekämpfung wichtig zu wissen, wie weit die Tiere herumkommen. In zahlreichen Versuchen hat man markierte Tiere losgelassen und sich bemüht, möglichst viele wieder zu fangen; das erfordert eine große Organisation und ein bedeutendes Aufgebot an Helfern. Aber von wenigen Ausnahmen abgesehen (vergl. das Beispiel der Mücken) verwendete man zufällig eingesammelte Individuen für den Versuch; viele oder gar die meisten mochten längst über das Wanderstadium hinaus sein.

Solche Versuche und ältere Angaben machen oft nur zu deutlich, daß man sich über zwei wichtige Gesetze nicht im klaren war: 1. Der Wandertrieb tritt bei den Insekten nur in einer bestimmten Periode ihres Lebens auf; 2. Diese Periode liegt meistens in der ersten Zeit des Lebens als Erwachsene, oft nach einer kurzen Wartezeit.

Nun darf man solche „Gesetze" nicht zu strikte nehmen; sie haben eher den Charakter von Regeln, die Ausnahmen durchaus zulassen. Von der ersten Regel scheint bisher keine Ausnahme bekannt zu sein; jedoch kann die Wanderperiode sehr lang sein, kann den größten Teil des Lebens in Anspruch nehmen, z.B. bei den Heuschrecken, den Bogongeulen und den Sunwanzen. Bei den beiden letzten sind, wenn die Auskünfte stimmen, zwei oder drei Wanderungen durch längere Ruhepausen unterbrochen; aber es wird richtig sein, die ganze Periode als Einheit zu sehen.

Ohne Zweifel treten die Wanderungen in der Regel zu Beginn des Erwachsenenlebens auf. Die einzige wesentliche Ausnahme machen die Locustenhüpfer. Es gibt gewiß auch andere Berichte über Wanderungen von Larven; es ist jedoch zweifelhaft, ob es sich um Wanderungen in dem hier gemeinten Sinn handelt. Ich nenne einige Beispiele.

Eine Kohlweißlingsraupe, die im Begriff ist, sich zu verpuppen, wandert unruhig hin und her, mit der ausgeprägten Neigung, aufwärts zu klettern. Man hat den Eindruck, sie wolle sich einen guten Platz für die Verpuppung suchen. Es ist jedoch eine bekannte Tatsache, daß ein Tier, das den Drang hat, etwas Bestimmtes zu tun, sich herumbewegt; es sucht nach einer Gelegenheit, diese Handlung auszuführen. Wir kennen das bei uns selber. Wenn wir hungrig sind, werden wir unruhig, suchen in Küche und Keller und Kühlschrank. Dies unruhige Suchen pflegen die Biologen heute als Appetenzverhalten zu bezeichnen. Es ist die normale

Einleitung zu verschiedensten Verhaltensweisen, zur Paarung, zum Eierlegen und auch zur Häutung. Die auf einem Kohlfeld lebende Weißlingsraupe, die sich an einem Zweig oder einer Mauer verpuppen wird, kann bei dem Herumsuchen eine beachtliche Entfernung zurücklegen. Man hat fast den Eindruck einer richtigen Wanderung; aber das Tier kommt eigentlich doch nicht aus seiner normalen Umgebung. Immerhin, wenn es auf einem Kohlfeld viele Raupen gibt und diese auf der Suche nach einem Verpuppungsplatz einen Weg kreuzen, hat man fast den Eindruck einer riesigen Raupenwanderung. Es ist schon vorgekommen, daß ein Zug anhalten mußte, weil die in Massen das Geleise überquerenden Raupen die Räder zum Rutschen brachten. Und doch möchte ich dies eindrucksvolle Verhalten der Raupen nicht als Wanderung im eigentlichen Sinne auffassen.

Man kann sich fragen, ob der Wandertrieb nicht lediglich eine besondere Form des Appetenzverhaltens ist. Vielleicht könnte man so den Ansatz für das Entstehen der Wanderungen finden. Aber es gibt doch einen grundlegenden Unterschied. In der Regel ist es so: Eine bestimmte Handlung wird durch einen spezifischen, darauf zugepaßten Reiz dann ausgelöst, wenn das Tier aus seinem physiologischen Zustand heraus bereit ist, auf diesen Reiz zu reagieren. Appetenz aber ist die Aktivität, mit der es nach eben dieser auslösenden Reizsituation sucht. Den physiologischen Zustand, der eine bestimmte Handlung erst ermöglicht, kann man als spezifische Empfindlichkeit umschreiben. Oft beginnt die Appetenz, das Herumsuchen, schon, bevor die Empfindlichkeit den Grad erreicht hat, bei dem der passende Reiz die Handlung auslöst.

Wenn ein Grabwespenweibchen in die Stimmung kommt, sein Nest in den Boden zu graben, läuft es lange herum, als ob es nach einem geeigneten Platz sucht. Dann geschieht es oft, daß es zu graben beginnt, es aber doch bald wieder aufgibt. Es scheint, daß es hier und dort probiert, bis es schließlich die richtige Stelle findet. Tatsächlich aber ist ihr Tun nur der Ausdruck dafür, daß der Grabtrieb noch nicht die volle Stärke erreicht hat. Schließlich wird eines der begonnenen Löcher zum endgültigen Nest ausgebaut.

Wenn man annimmt, daß das Wandern eines *Ascia*-Weibchens eine Appetenzaktivität zum Eierlegen ist, sollte man erwarten, daß es bei jeder hierfür geeigneten Pflanze anhält. Tatsächlich aber fliegt es ohne Zögern an ausgezeichneten Eierlegeplätzen vorbei; und schon gar nicht kann diese Annahme das Wandern der Männchen mit den Weibchen erklären. Das Wandern, so meine ich, ist vielmehr eine besondere Lebensgewohnheit, der der Trieb zugrunde liegt, die gewohnte Umgebung zu verlassen; ihre Erfüllung aber ist die Bewegung selbst, in den meisten Fällen das Fliegen.

Nicht nur bei Kohlweißlingsraupen gibt es gelegentlich Massenwanderungen. Noch eigenartiger sind die sogenannten Heerwürmer. Gewisse Mückenlarven sammeln sich, wenn sie in Massen auftreten, zu einem schlangenartigen Gebilde, das als Ganzes am Boden dahinkriecht. In Europa besteht der Heerwurm aus Larven der Mücke *Sciara*; man findet sie gewöhnlich auf Waldböden zwischen welken und zerfallenden Blättern.

Wie kann die Ansammlung der harmlosen, glashellen, nur sieben bis acht Millimeter langen Mückenlarven Anlaß sein zu so schrecklichen Namen wie Heerwurm, Kriegswurm, Wurmdrache oder Heerschlange? Nun, diese Erscheinung spielt in der Volksphantasie eine ähnliche Rolle wie die riesigen Seeschlangen, oder das Ungeheuer vom Loch Ness, oder moderner die fliegenden Untertassen mit Marsbewohnern.

Man hörte erschütternde Erzählungen: wie Waldarbeiter im Morgengrauen tief im Walde die breite Schleimspur fanden, wie von einer riesigen Schnecke, aber herrührend von einer ekelhaften, mit zitterndem Körper langsam dahin schleichenden Schlange; wie ständig kleine Würmchen ihren Körper verließen, bis sie schließlich in Stücke zerfiel, Schleim und viele kleine Würmer hinterließ, die schließlich verschwanden. Das konnte nur Unglück für die Zukunft bedeuten.

Der Heerwurm, immerhin eine seltene Erscheinung, ist von vielen Orten Europas bekannt, von Norwegen bis zum Kaukasus. In Amerika kennt man etwas ähnliches. Doch dort handelt es sich um die Raupen eines Eulenfalters *(Leucania)*, eines schlimmen Schädlings für Gras und Getreide. Bei dem europäischen Heerwurm handelt es sich gewiß um ein Wandern zum Verpuppungsplatz. Bis jetzt also bleiben die Locustenhüpfer das einzige Beispiel für eine echte Larvenwanderung.

Wenn man sagt, der Wandertrieb entwickelt sich in der ersten Zeit nach dem Schlüpfen des Vollinsekts, so mag das etwas vage klingen; man kann sich aber kaum genauer ausdrücken. Nach dem Schlüpfen ist das Fliegen erst möglich, wenn die Flügel gestreckt sind und das Chitin erhärtet ist; das dauert wohl im allgemeinen eine Stunde. Die Geschlechtsorgane sind oft noch unentwickelt. Die Männchen können sich bei den meisten Insekten frühestens am Tage nach dem Schlüpfen paaren, zuweilen auch erst viel später. In manchen Fällen findet die Paarung unmittelbar vor der Eiablage statt, unter den Wanderern bei Heuschrecken, bei der Sunwanze und bei der Bogongeule. Bei Mücken und Schmetterlingen gibt es keinen unmittelbaren Zusammenhang zwischen Paarung und Eiablage; man paart sich schon lange vor der Eireifung. Es kommt bei Schmetterlingen vor, daß sich ältere Männchen mit Weibchen paaren, die mit noch feuchten Flügeln auf der soeben gesprengten Puppenhaut sitzen. Mehrmalige Paarung gibt es bei Schmetterlingsweibchen, nicht aber bei Mückenweibchen. Eine feste Regel über die Beziehung des Wandertriebes zur Geschlechtsreife läßt sich nicht aufstellen. Die Tagfalter haben sich vor dem Abwandern immer gepaart, die Mücken in der Regel, Bogongeule, Sunwanze und die Heuschrecken aber nicht. Wie es bei den Libellen und den Marienkäfern ist, wissen wir nicht; aber da sich die Libellen erst spät, bei der Eiablage, paaren, liegt die Zeit des Wanderns wohl vorher. Für die Blattläuse ist die Frage belanglos; die Wanderformen gebären ihre Jungen ohne vorherige Paarung. Als allgemeine Regel kann gelten, daß mit der Eiablage die Wanderungen aufhören.

Aber eine gewisse Unsicherheit bleibt. Von Blattläusen heißt es, daß sie, den Flug unterbrechend, eine Mahlzeit nehmen, auch einige Junge gebären, dann aber weiterfliegen; doch soll man hier wohl nicht von einer neuen Wanderung sprechen, eher von einem Appetenzflug zu einer anderen Pflanze. Nach einer vereinzelten Schilderung wanderte eine Schmetterlingsart nach dem Eierlegen noch weiter; aber der Fall bedarf weiterer Klärung. Die Heuschrecken können nach Paarung und Eiablage sicher ihre Wanderung noch einige Tage fortsetzen; aber im allgemeinen gilt es doch, daß das Wandern für die Weibchen nach dem Eierlegen vorbei ist. Bei später Paarung, vor der Eiablage, folgen natürlich die

Männchen den Weibchen und beenden mit diesen das Wandern. Das gleiche gilt für Schmetterlinge, die sich vor und nach der Reise paaren. Bei den Mücken, die sich nur einmal begatten, fliegen nach den vorläufigen Beobachtungen die Männchen nicht so weit wie die Weibchen. Die Gelegenheit zu erneuter Paarung, wozu sie durchaus bereit sind, finden sie bei neugeschlüpften Weibchen am neuen Platz; es ist für die Männchen unwichtig, den Weibchen bis zum Schluß zu folgen; aber wir wissen noch nicht genug darüber.

Es scheint einen wesentlichen Unterschied zwischen den beiden behandelten Schmetterlingsarten zu geben. *Ascia* hat mehrere Generationen im Jahr; so oft es bei einer Generation durch starke Vermehrung ein Gedränge gibt, kommt es zum Abwandern. Auch beim Monarch gibt es zwei, drei oder vier Generationen im Laufe des Sommers, aber erst in der letzten Generation zeigt sich der Wandertrieb. Leider weiß man nicht viel über die Sommerpopulationen, ob es etwa Ende des Sommers eine Massenvermehrung gibt; man weiß auch nicht, ob alle Individuen der letzten Generation abwandern. Wichtig wären genaue Kenntnisse über die verschiedenen Sommergenerationen.

Bei den Wanderheuschrecken überkommt der Wandertrieb wohl alle Individuen; aber hier weiß man zu wenig über das Verhalten der einzellebenden Phase. Bei den Blattläusen kann man die Wanderer (Migrantes) am Besitz der Flügel erkennen; der Zustand der Futterpflanze scheint für ihre Entwicklung von Bedeutung zu sein.

Fraglich ist, ob die Entwicklung des Wandertriebes bei den anderen besprochenen Arten eine Folge des Gedränges bei Massenvermehrung ist, oder ob auch oder überhaupt andere Faktoren im Spiele sind. Es gibt sicher einen wesentlichen Unterschied zwischen Sunwanzen und Bogongeulen einerseits, Libellen und Marienkäfern andererseits. Die ersteren wandern jedes Jahr und, da sie nur eine Generation pro Jahr haben, mit der überwiegenden Zahl der Individuen. Die letzteren aber wandern nach den bisherigen Kenntnissen nur ausnahmsweise und, zumal die Libellen, vermutlich nur bei Massenvermehrung.

Am natürlichsten scheint mir die Annahme, daß der Wandertrieb bei allen Insekten in einem gewissen Abschnitt ihres Lebens vorhanden ist. Er ist ein Teil ihrer physiologischen Ausrüstung, wie der Drang zum Fressen oder sich zu paaren. Aber der Wandertrieb kann sich lediglich unter Bedingungen entfalten, die nur zuweilen gegeben sind. Eine dieser Bedingungen ist das Gedränge vieler Individuen auf engem Raum; aber es gibt sicher noch andere, die wir noch nicht kennen.

Wohl aber kennen wir Faktoren, die den Wandertrieb nicht zur Geltung kommen lassen. Ein hemmender Faktor sind ungünstige Wetterbedingungen. Zudem ist das Wandern bei manchen Arten an bestimmte Tageszeiten gebunden, ist also von einem inneren Rhythmus, offenbar in Beziehung zum Tageslauf des Lichtes, gesteuert. Die große Bedeutung dieses Faktors wurde gerade in den letzten Jahren deutlich durch die Forschungen des Deutschen J. Aschoff; er hat gezeigt, daß Tiere eine „innere Uhr"besitzen, die zwar nicht ganz verläßlich geht, deren Gang aber durch den normalen täglichen Lichtwechsel korrigiert wird.

Vielleicht wundert man sich darüber, daß ich die Reisen der Insekten als „Wanderungen" bezeichne; sie spielen sich doch bei allen Arten, außer bei den Hüpfern der Wanderheuschrecken, im Fluge ab. Aber es ist ja belanglos, welches Wort man wählt, ob das Wandern nun zu Fuß oder im Fluge vor sich geht. Man kann mit ziemlicher Sicherheit annehmen, daß manche unansehnliche Insekten, die man nur nicht beachtet hat, die Beine benutzen. Allgemein aber scheint zu gelten: sind Flügel vorhanden, so werden sie auch verwendet.

Aber damit hört das Gemeinsame auch schon auf. Das gilt zumal für das Festlegen der Flugrichtung, das auf dreierlei Weise geschehen kann. 1. Beim passiven Flug bestimmt der Wind die Richtung; 2. der Kurs kann durch Zufälligkeiten beim Flugbeginn festgelegt sein; 3. der Kurs folgt einer bestimmten Himmelsrichtung. Aber es ist nicht ausgeschlossen, daß es noch andere Orientierungsweisen gibt. Bei vier oder fünf der hier behandelten Beispiele wissen wir einfach zu wenig: bei der Sunwanze, der Bogongeule, den Libellen und Marienkäfern. Die Mücken werden wohl überwiegend passiv durch den Wind befördert, aber ein Teil fliegt unabhängig vom Wind, bestimmt den Kurs also irgendwie anders.

Das hier als passiv bezeichnete Wandern ist dies jedoch keineswegs vollständig. Bei den Wanderheuschrecken und wahrscheinlich auch bei den Blattläusen liegt das aktive Moment am Anfang und am Ende: den Abflug und das Landen bestimmen sie selber. Bei den Schwärmen der Heuschrecken kommt noch das Bestreben jedes einzelnen Individuums hinzu, sich im Schwarm zu halten, so daß dieser sich nicht zerstreut. Bei allen in höheren Schichten fliegenden Insekten kann es geschehen, daß sie für lange Zeit nicht mehr aus dem Luftstrom herauskommen. So sind sicher die unwahrscheinlich weiten Reisen einzelner Individuen zu deuten, daß z. B. Monarche England, Distelfalter Island erreichten. In Berggegenden fliegen zuweilen große Mengen verschiedenster Insektenarten über einen Paß, alle in gleicher Richtung; sie treiben sicherlich passiv im Winde. Mögen auch einige die Wanderung aktiv begonnen haben, die meisten wurden offenbar von einem Windstoß mitgerissen und dann von aufsteigenden Winden über den Paß verfrachtet.

Bezeichnend für den passiven Wanderflug ist das Fehlen der Orientierung mit den Augen. Das ist anders bei einem Wanderfalter wie *Ascia*. Der ursprünglich durch mehr oder weniger zufällige Einwirkungen bestimmte Kurs wird entweder durch eine Lichtkompaßreaktion oder durch Leitlinien in der Landschaft festgehalten. So wird verständlich, daß die Falter sich in Nähe der Erdoberfläche halten und oft auch gegen den Wind fliegen, der in Bodennähe schwächer ist als in höheren Luftschichten. Für viele andere sich mit den Augen orientierende Schmetterlinge und für die Libellen dürfte das gleiche gelten.

Die dritte Art der Orientierung, die nach der Himmelsrichtung, entzieht sich vorerst einer Erklärung. Einstweilen ist hierfür der Monarch das einzige gut belegte Beispiel; wahrscheinlich aber macht es der Distelfalter ebenso. Leitlinien scheinen hier keine bedeutende Rolle zu spielen; der Monarch fliegt auch bedeutend höher als *Ascia*. Das Auge dient ihm während des Wanders lediglich für die Lichtkompaßorientierung; er fliegt ausschließlich mit „automatischem Pilot". Urquhart versuchte durch Amputieren die Bedeutung der Fühler für die Wahl der Flugrichtung zu ergründen. Das Fehlen eines Fühlers hat keinen Einfluß; fehlen jedoch beide, so ist die Orientierung unmöglich geworden. Der Verlust beider Fühler ist offenbar ein so starker Eingriff, daß er das ganze Verhalten des Tieres verändert. Man kann aus diesen Versuchen kaum den Schluß ziehen, daß das für die Kursbestimmung maßgebende Sinnesorgan in den Fühlern liegt. Somit bleibt vorerst das Problem der Richtungsbestimmung bei den aktiven Wanderern, wie auch das des Wandertriebs selber weithin im Dunkel.

Aber auch das wenige, das wir wissen, kann schon Freude bereiten. Trösten wir uns mit dem Hinweis von Niels Steensen: Das, was wir sehen, ist schön; noch schöner ist das, was wir verstehen; aber weitaus am schönsten ist das Verborgene.

Literaturhinweise

Angaben über das hier behandelte Problem sowie weitere Literaturhinweise finden sich in folgenden Schriften:

E. T. Nielsen: On the Migration of Insects. Ergebn. d. Biologie 27, 1964, 162.

F. A. Urquhart: The monarch butterfly. Univ. of Toronto Press 1960.

B. P. Uvarow: Grasshoppers and Locusts, vol. I. Cambridge univ. Press 1966.

C. B. Williams: Die Wanderflüge der Insekten ("Insect Migration", Übersetzung). Parey, Hamburg 1961.

Sachverzeichnis

Druck von J. P. Peter, Gebr. Holstein, Rothenburg ob der Tauber